U0160096

水的生态循环理论与工程应用

李冬梅　任　毅　主编

中国建筑工业出版社

图书在版编目（CIP）数据

水的生态循环理论与工程应用 / 李冬梅，任毅主编
. — 北京：中国建筑工业出版社，2022.3
ISBN 978-7-112-27137-5

Ⅰ. ①水… Ⅱ. ①李… ②任… Ⅲ. ①水循环-研究
Ⅳ. ①P339

中国版本图书馆 CIP 数据核字（2022）第 034818 号

　　本书阐述了以水的生态循环为核心的新时期城市治水兴水建设内容及其相关理论。建设内容包括水质健康生态建设、城市节水生态建设、海绵城市生态建设、智慧水务生态建设。通过调控水的社会循环过程、维持城市水的自然循环与社会循环的平衡、提升水的生态系统质量和稳定性，实现水的生态循环。

　　本书可作为工科类、管理类高等学校教材，也可作为设计院、科研院所等相关专业技术人员的参考工具书。

责任编辑：张　磊　曹丹丹
责任校对：李欣慰

水的生态循环理论与工程应用
李冬梅　任　毅　主编
*
中国建筑工业出版社出版、发行(北京海淀三里河路 9 号)
各地新华书店、建筑书店经销
北京鸿文瀚海文化传媒有限公司制版
北京建筑工业印刷厂印刷
*
开本：787 毫米×1092 毫米　1/16　印张：12¼　字数：301 千字
2022 年 5 月第一版　2022 年 5 月第一次印刷
定价：55.00 元
ISBN 978-7-112-27137-5
(38969)

本书编委会

主　　编：李冬梅　任　毅

副主编：杜青平　黄　辉　曾红卫　陈健聪

参　　编：刘小勇　钟钻佳　李栩灏　詹志强

　　　　　黄　毅　黎文杰　王广华　罗兆龙

　　　　　莫彬彬　燕　强　蒋树贤

前　言

随着社会的发展和科技进步，人类对水的自然循环干预程度加深，城市水循环呈现复杂的"自然-社会"二元特征。水的自然循环与社会循环在循环通量上此消彼长、在循环过程上深度耦合、在循环功能上竞争融合，影响着自然生态系统和经济社会系统。在气候变化和人类活动的双重影响下，城市水体呈现水资源短缺、河道黑臭、城市内涝等一系列新老交织的水问题，水的生态系统质量和稳定性面临挑战。

党的十八大以来，以习近平同志为核心的党中央站在中华民族永续发展的战略高度，将生态文明建设纳入中国特色社会主义事业"五位一体"总体布局，明确提出"节水优先、空间均衡、系统治理、两手发力"的治水思路，作出推动绿色发展、提升水安全保障能力、促进人与自然和谐共生等一系列重大涉水决策部署。

"十三五"期间，各级地方政府坚决贯彻党中央、国务院的重大决策部署，坚持绿色发展、加强重点流域水安全保障能力、加大水污染防治力度、持续优化水资源配置，全面推行河（湖）长制等工作取得明显实效，水的信息化管理水平显著提升。在《中共中央关于制定国民经济和社会发展第十四个五年规划和二〇三五年远景目标的建议》中，明确提出提升生态系统质量和稳定性，并对全面提升水安全保障能力、协同推进水治理提出了更高要求。治水兴水新策略强调山水林田湖草是一个生命共同体，注重水循环系统的生态、健康与平衡发展，亟待从战略高度统筹谋划解决水问题，构建与高质量发展相适应的治水兴水体系。

本书阐述了以水的生态循环为核心的新时期城市治水兴水建设内容及相关理论。建设内容包括水质健康生态建设、城市节水生态建设、海绵城市生态建设、智慧水务生态建设。通过调控水的社会循环过程、维持城市水的自然循环与社会循环的平衡、提升水的生态系统质量和稳定性，实现水的生态循环。

一是水质健康生态建设。从城市水循环出现的问题及水质健康理论着手，分析了污染物在水循环中的迁移转化规律，水体自净和水环境的承载能力。从水质健康和水体健康的角度阐述城市水质健康生态建设的内容、途径与关键技术，并展示了水质健康生态建设的工程案例。

二是城市节水生态建设。从水资源配置理论着手，秉持"节水即治污"的理念，从工业节水、城镇节水、非常规水源利用、健全节水体制等方面，阐述了城市节水生态建设的内容、目标以及绿色节水与利用的关键技术。通过节水城市建设与生态补水工程案例，验证了节水是城市水资源开发、利用、保护和调配的前提。

三是海绵城市生态建设。从"源头减排、过程控制、系统治理"的海绵城市建设理念的角度，阐述了 LID 海绵系统、雨水管渠系统与超标雨水径流排放系统、雨水收费制度和水权交易机制研究等内容、目标以及关键技术。通过介绍海绵城市建设典型试点工程与深层排水隧道工程案例，示范了自然积存、自然渗透、自然净化的现代城市发展方式。

四是智慧水务生态建设。从云计算、物联网、大数据、移动互联网等新一代信息通信技术与水的生态循环深度融合的角度，阐述了以下建设内容与目标组建智慧水务生态数据中心、建立"互联网＋"模型分析评估体系与推进水的生态循环全过程数字化和信息化管控等，介绍了水质健康风险评价、管网漏损的智能监测与定位、智慧雨洪管理、数据采集与监视控制等关键技术，展示了智慧水务助力新时期治水兴水的应用成效。

本书第 1 章由刘小勇、任毅、李冬梅、黄辉、杜青平、曾红卫编写，第 2 章、第 3 章由钟钻佳、杜青平、李冬梅、任毅、黄辉、王广华、莫彬彬编写，第 4 章由李栩灏、钟钻佳、李冬梅、黄辉、罗兆龙、王广华、陈健聪编写，第 5 章由詹志强、李冬梅、任毅、黄辉、罗兆龙、曾红卫、蒋树贤编写，第 6 章由黄毅、任毅、李冬梅、王广华、陈健聪、罗兆龙、燕强编写，第 7 章由黎文杰、曾红卫、李冬梅、任毅、黄辉、杜青平编写。

"他山之石，可以攻玉"。希望本书的出版能有助于认识与分析我国复杂的城市水问题，并提供解决水问题的思路，有助于推进建立适合我国国情的城市水安全治本之策，促使水的自然-社会循环向高效率、高效益、低污染、低成本的方向发展，提升生态系统质量和稳定性，并最终实现水的生态循环。

本书受到国家自然科学基金、广东省自然科学基金、广东省水利科技创新项目、广东省重点专业建设项目——给排水科学与工程、广东省一流课程建设项目与广东工业大学质量工程教改项目及思政示范课程建设项目——给排水科学与工程概论、广东工业大学重点专业建设项目——给排水科学与工程、广东工业大学环境生态工程国家级一流本科专业建设点项目——环境生态学原理与应用等项目的支持。同时也受到广东惠州碧海源科技有限公司、广州城品建筑设计院有限公司等企业的支持，特此感谢。

本书可作为工科类、管理类高等学校教材，也可作为设计院、科研院所等相关专业技术人员的参考工具书。

目 录

第1章　新时期治水兴水理念

1.1　治水兴水政策

水作为生态系统的重要环境因子，是维系人、自然与社会和谐共生、良性循环、全面发展、持续繁荣的重要纽带。当前，我国一些地区水环境质量差、水生态受损重、环境隐患多等问题十分突出，影响和损害群众健康，不利于经济社会持续发展。解决水污染、恢复水生态是向党和人民提交"绿水青山就是金山银山"美丽画卷必须重视的问题，是提升人们幸福指数的重要因素。党的十八大以来，习近平总书记多次发表有关治水兴水的重要论述，逐渐形成了新时期中国治水兴水的重要战略思想。党的十九大将"美丽中国"从单纯对自然环境的关注，提升到人类命运共同体理念的高度，把新时期治水兴水推向新高度。

1.1.1　加快推进生态文明建设，践行绿水青山理念

我国生态文明建设水平总体上仍滞后于经济社会发展，资源约束日趋紧张，环境污染严重，生态系统退化，发展与人口资源环境之间的矛盾日益突出，已成为制约经济社会可持续发展的瓶颈。2015年4月，《中共中央　国务院关于加快推进生态文明建设的意见》明确了生态文明建设的总体要求、目标愿景、重点任务和制度体系，突出体现了战略性、综合性、系统性和可操作性，是当前和今后一个时期推动我国生态文明建设的纲领性文件。该文件按照绿色发展的理念，把生态文明建设融入政治、经济、文化、社会等建设的各方面和全过程。

目前，很多地方还没有牢固树立"绿水青山就是金山银山"的绿色发展理念，流域水生态破坏比较普遍，面源污染控制尚未实现有效突破，水环境风险隐患突出。城市水系变化大、地面硬化程度高、受到人为破坏和污染的程度深，已经严重影响城市的总体布局和发展。近几年，很多城镇在国家的政策法规引导下，努力践行"绿水青山就是金山银山"理念，以黑臭水体整治为抓手，倒逼城市环境基础设施建设，加快补齐短板，改善城市环境质量。

1.1.2 构建水体污染防治新机制

2011—2015 年，全国地表水水质不断改善。但受到严重污染的劣 V 类水体所占比例较高，一些沟渠塘坝污染普遍比较重，涉及饮水安全的水环境突发事件频频出现。为切实加大水污染防治力度，保障国家水安全，国务院于 2015 年印发《水污染防治行动计划》（以下简称"水十条"）。"水十条"体现了政府高度重视水污染防治机制的建设，创新工作思路，重构部门联动、落实企业责任、发挥公众监督等水环境管理体制机制，完善税收、生态补偿等经济政策手段，推动第三方治理、环保产业等投融资机制改革，为水污染防治工作奠定了坚实的制度保障基础。"水十条"是国家治理水环境的纲领性文件，以水环境保护倒逼经济结构调整，以环保产业发展腾出环境容量，以水资源节约拓展生态空间，以水生态保护创造绿色财富，将对国家环境保护、生态文明建设和美丽中国建设，乃至整个经济社会发展方式的转变产生重要而深远的影响。"水十条"的内容创新了我国水治理改革的思想，构建了水体污染防治新机制，主要体现如下：

（1）贯彻了生态系统治理的理念。既包含陆地水污染治理，又包含海洋水环境保护；既分别考虑地表水和地下水、污水与净水、海水与淡水等，又统筹考虑水量之间的变化，解决水的存量和增量的关系。

（2）坚持以问题为导向，科技为引领的方针，结合区域经济发展，对超标企业实施"红黄牌"管理，开展探索性的治理和管理措施等研究。突出抓好重点污染物、重点行业和重点区域，发挥好市场的决定性作用、科技的支撑作用和法规标准的规范化作用。

（3）在职权职责、社会资金利用、海陆结合等方面，提出了创新性的管理构想，如研究建立国家环境监察专员制度等，实行政府监管、市场驱动、全员参与等水治理管理措施。

（4）在战略决策上坚持系统治理，实施自上而下多角度多方位统筹；在水体治理和防控内容上坚持全方位水体治理，实施差异化措施和要求；工程措施与非工程措施的统筹，强调科技、市场、监管等非工程措施的应用。

（5）统筹政府、企业、公众等行动主体的责任，明确政府各相关部门分工，构建全民行动格局，形成水污染防治强大合力。

1.1.3 打好污染攻坚战、保护水环境

"水十条"实施后，水环境保护仍处于压力叠加、负重前行的关键期，经济社会发展同水环境保护的矛盾仍然突出。2018 年 6 月，《中共中央　国务院关于全面加强生态环境保护　坚决打好污染防治攻坚战的意见》（以下简称《污染攻坚战意见》），为新时代推进生态文明建设、加强生态环境保护、打好污染防治攻坚战提供了思想武器、方向指引、根本遵循和强大动力。

《污染攻坚战意见》的目标和任务是深入贯彻习近平生态文明思想，主要体现在的

八个坚持：坚持生态兴则文明兴；坚持人与自然和谐共生；坚持绿水青山就是金山银山；坚持良好生态环境是最普惠的民生福祉；坚持山水林田湖草是生命共同体；坚持用最严格制度最严密法治保护生态环境；坚持建设美丽中国全民行动；坚持共谋全球生态文明建设。

《污染攻坚战意见》实施后，水环境治理力度进一步加大。根据《2020 中国生态环境状况公报》：长江、黄河、珠江、松花江、淮河、海河、辽河七大流域和浙闽片河流、西北诸河、西南诸河主要江河监测的 1614 个水质断面中，Ⅰ～Ⅲ类水质断面占 87.4%，比"水十条"实施前的 2015 年上升 22.9 个百分点；劣Ⅴ类占 0.2%，比 2015 年下降 8.6 个百分点。

1.1.4　推进智慧水利建设

我国水利发展大致可分为 4 个阶段：工程水利阶段（1949—1999 年）、资源水利阶段（2000—2012 年）、生态水利阶段（2013—2020 年）、智慧水利阶段（2021—2050 年）。如今，我国正处于智慧水利建设的起始阶段。

智慧水利是以生态文明思想、新时期治水思路和可持续高质量发展理论为指导，围绕建设现代水利工程体系、水资源可持续利用、提升水利治理体系与治理能力现代化，是我国水利基础设施和水利科学技术全面提升的过程，是治水、管水理念和水利管理制度深刻变革的过程，是实现水利治理体系和治理能力现代化的过程。为进一步加快水利现代化建设，2018 年 2 月，水利部印发《加快推进新时代水利现代化的指导意见》，提出：到 2020 年，建成与全面小康社会相适应的水安全保障体系；到 2035 年，水安全保障能力大幅跃升，水利（务）现代化基本实现。到 2050 年，全面实现水利（务）现代化，水安全保障能力全面提升。

1.1.5　其他相关政策

新时期国家治水兴水是一项长期、复杂的系统工程。党中央、国务院高度重视水的生态防治，除了前文已述及的典型政策，尚有一系列重大决策部署与法律法规，在推动生态文明建设与水环境治理方面发挥了积极成效。

2015 年 9 月，住房城乡建设部牵头，会同环境保护部、水利部、农业部等部委编制了《城市黑臭水体整治工作指南》，内容包括城市黑臭水体的排查与识别、整治方案的制定与实施、整治效果的评估与考核、长效机制的建立与政策保障等，成为"水十条"的第一个配套细则。

2016 年 4 月，水利部印发《水生态文明城市建设评价导则》，为全国范围内创建水生态文明城市提供了重要的专业指导，为评价水生态文明城市建设成效提供了技术标准，也为城市水生态系统的保护和修复工作提出了基本要求。

2016 年 7 月，全国人大常委会进一步修订了《中华人民共和国水法》和《中华人民共和国防洪法》。前者为合理开发、利用、节约和保护水资源，防治水害，实现水资源的可持续利用提供了坚实的法律保障；后者进一步加强了洪水防治和防御、减轻洪涝灾害，维护人民的生命财产安全，保障社会主义现代化建设顺利进行。

2017年5月，水利部《关于推进水利大数据发展的指导意见》明确了实施水资源精细管理与评估、增强水环境监测监管能力、推进水生态管理信息服务、加强水旱灾害监测预测预警、支撑河长制任务落实、开展智慧流域试点示范应用等重点任务，开启了水利大数据建设的新时代。

2017年10月，环境保护部、发展改革委、水利部共同印发《重点流域水污染防治规划（2016—2020年）》，将"水十条"水质目标分解到各流域，明确了各流域污染防治重点方向和京津冀区域、长江经济带水环境保护重点，第一次形成覆盖全国范围的重点流域水污染防治规划。

2018年10月，住房城乡建设部、生态环境部共同印发《城市黑臭水体治理攻坚战实施方案》，明确用3年时间使城市黑臭水体治理明显见效。

2019年4月，发展改革委、水利部共同印发《国家节水行动方案》，大力推动全社会节水，全面提升水资源利用效率，形成节水型生产生活方式，保障水安全。

2019年4月，住房城乡建设部、生态环境部、发展改革委共同印发《城镇污水处理提质增效三年行动方案（2019—2021年）》，要求全面贯彻落实全国生态环境保护大会、中央经济工作会议精神和《政府工作报告》部署要求，加快补齐城镇污水收集和处理设施短板，尽快实现污水管网全覆盖、全收集与全处理。

2020年3月，水利部在出台《智慧水利总体方案》和开展智慧水利优秀应用案例和典型解决方案评选基础上，印发《关于开展智慧水利先行先试工作的通知》，在重点领域、流域、区域和新一代信息技术应用方面推进智慧水利率先突破，示范引领全国智慧水利又好又快发展，驱动和支撑水利治理体系和治理能力现代化。

2020年12月，《中华人民共和国长江保护法》正式颁布，这是我国第一部流域保护法律，为加强长江流域生态环境保护和修复，促进资源合理高效利用，保障生态安全，实现人与自然和谐共生提供了法律依据。

2021年1月，发展改革委联合科技部、工业和信息化部、财政部、自然资源部、生态环境部等9部门共同印发了《关于推进污水资源化利用的指导意见》，对全面推进污水资源化利用进行了部署，促进解决水资源短缺、水环境污染、水生态损害，推动污水资源化高质量、可持续发展。

2021年4月，财政部、住房城乡建设部、水利部共同印发了《关于开展系统化全域推进海绵城市建设示范工作的通知》，力争通过3年集中建设，示范城市防洪排涝能力及地下空间建设水平明显提升，河湖空间严格管控，生态环境显著改善，海绵城市理念得到全面、有效落实，为建设宜居、绿色、韧性、智慧、人文城市创造条件，推动全国海绵城市建设迈上新台阶。

2021年4月，国务院办公厅印发《关于加强城市内涝治理的实施意见》，明确了城市内涝治理工作的指导思想、基本原则、工作目标，提出根据建设海绵城市、韧性城市要求，因地制宜、因城施策，提升城市防洪排涝能力，用统筹的方式、系统的方法解决城市内涝问题，为今后一段时间内城市内涝治理工作指明了方向。

2021年12月，发展改革委印发《"十四五"重点流域水环境综合治理规划》，明确到2025年，基本形成较为完善的城镇水污染防治体系，城市生活污水集中收集率力争达到70%以上，基本消除城市黑臭水体。重要江河湖泊水功能区水质达标率持续提高，重点流域水环境质量持续改善，污染严重水体基本消除，地表水劣Ⅴ类水体基本消除，有效支撑京津冀协同发展、长江经济带发展、粤港澳大湾区建设、长三角一体化发展、黄河流域生态保护和高质量发展等区域重大战略实施。

2021年12月，生态环境部、发展改革委、水利部、住房城乡建设部四部委印发《区域再生水循环利用试点实施方案》，要求到2025年，在区域再生水循环利用的建设、运营、管理等方面形成一批效果好、能持续、可复制，具备全国推广价值的优秀案例。

1.2　治水兴水发展战略

党的十八大以来，全国各地深入学习贯彻习近平生态文明思想的重要论述，积极践行并着力落实新时期治水思路，探索形成一批适应区域特点的经验和举措。

1.2.1　共抓大保护，不搞大开发，修复长江生态环境

长江是我国第一长河、全球第三长河，国家战略水源地与"黄金水道"，在我国经济社会发展中处于极其重要的地位。长江流域分布了全国超过1/3的人口、城市，生产了全国1/3的粮食，创造了全国1/3的国内生产总值，是我国经济重心所在、活力所在。由于长期高强度开发的累积效应和缺乏科学的空间开发管控，长江经济带生态环境状况形势严峻。水环境和水生态问题日益严重，并已经严重威胁到长江作为国家战略水源地和重要生态支撑带的地位。

2016年1月，在重庆市召开的推动长江经济带发展座谈会强调，"长江拥有独特的生态系统，是我国重要的生态宝库。当前和今后相当长一个时期，要把修复长江生态环境摆在压倒性位置，共抓大保护，不搞大开发"，为长江经济带发展定下了生态优先、绿色发展的总基调。2016年9月，《长江经济带发展规划纲要》明确提出：把保护和修复长江生态环境摆在首要位置，努力把长江建设为上中下游相协调、人与自然相和谐的绿色生态廊道。2021年3月《中华人民共和国长江保护法》（以下简称《长江保护法》）正式实施，这是我国首部以国家法律的形式为特定流域制定的法律，是我国生态环境法体系建设的标志性成果。

1. 确定生态优先、绿色发展的战略定位

《长江保护法》将"生态优先、绿色发展"的国家战略写入法律，当生态保护与经济发展产生矛盾时，要把生态保护放在首位，为长江流域正确解决经济发展和生态保护关系提供了重要依据。长江保护法统筹资源、生态、环境保护与治理，体现了"山水林田湖草统筹治理"的生态系统观，将长江流域资源的相关要素、多种价值和生态服务功能进行综合平衡，通过立法稳固下来，从根本上夯实了长江大保护的制度保障。

2. 实行流域生态保护红线统一监管

国家对长江流域生态系统实行自然恢复为主、自然恢复与人工修复相结合的系统治理方案。以维持重要生态功能区生态系统服务和控制生态敏感（脆弱）区开发强度为重点，优化生态保护红线划定，有效管控水利水电等工程开发规模和秩序，强化生态自然保育和河湖连通，建设以长江为主轴的水陆复合生态大走廊。通过《长江保护法》将生态保护红线的做法以法律条文的形式固化下来，明确了生态环境主管部门对长江流域生态保护红线实施统一监管。

3. 实施有效保护和合理利用相结合的生态统筹模式

有效保护和合理利用长江流域水资源，优先满足城乡居民生活用水，保障基本生态用水，并统筹农业、工业用水以及航运等需要。以长江源区和上游水源保护、中游水量合理调配和下游水环境保护为重点，强化水源涵养区保护；划定河湖保护红线，确保河湖面积不减少、调蓄能力不下降；开展退耕还湖还湿，严禁河湖滩地非法占用，限制蓄滞洪区开发强度，恢复和增加水资源调蓄能力；将生态水量纳入年度水量调度计划，保证河湖基本生态用水需求；强化干支流水库群统一管理和优化调度，实施河湖连通和清水入江、清洁小流域建设；制定饮用水安全突发事件应急预案，加强饮用水备用应急水源建设，对饮用水水源的水环境质量进行实时监测，切实保障区域水安全。

4. 明确流域协调与系统治理的治水机制

长江流域涉及的不同省份、区域，上下游、左右岸，不同行业、不同部门的发展目标不同、功能诉求各异。《长江保护法》明确规定国家建立长江流域协调机制，明确协调机制的统筹协调职责。协调机制统一指导、统筹协调长江保护工作，审议长江保护重大政策、重大规划，协调跨地区跨部门重大事项，督促检查长江保护重要工作的落实情况。赋予协调机制健全监测网络和监测信息共享机制、设立专家咨询委员会、建立健全长江流域信息共享系统、统筹协调制定河湖岸线保护规划和修复规范等具体职能。建立地方协作机制，协同推进长江流域生态环境保护和修复。对长江流域跨行政区域、生态敏感区域和生态环境违法案件高发区域以及重大违法案件，依法开展联合执法。

自 2016 年以来，长江流域水环境质量得到了明显改善。根据《2020 中国生态环境状况公报》：长江流域水质为优。监测的 510 个水质断面中，Ⅰ～Ⅲ类水质断面占比较 2019 年上升；无劣Ⅴ类水质断面，比 2019 年下降 0.6 个百分点。其中，干流和主要支流水质均为优。2020 年长江流域水质状况如表 1-1 所示。

2020 年长江流域水质状况 表 1-1

水体	断面数（个）	比例（%）						与 2019 年（百分点）相比					
		Ⅰ类	Ⅱ类	Ⅲ类	Ⅳ类	Ⅴ类	劣Ⅴ类	Ⅰ类	Ⅱ类	Ⅲ类	Ⅳ类	Ⅴ类	劣Ⅴ类
流域	510	8.2	67.8	20.6	2.9	0.4	0	4.9	0.8	−0.8	−3.8	−0.6	−0.6
干流	59	10.2	89.8	0	0	0	0	3.4	−1.7	−1.7	0	0	0
主要支流	451	8.0	65.0	3.3	3.3	0.4	0	5.1	1.2	−0.7	−4.3	−0.7	−0.7
省界断面	60	8.3	78.3	0	0	0	0	5.0	−3.4	0	−1.7	0	0

1.2.2　构建水安全保障新格局，助力粤港澳大湾区高质量发展

粤港澳大湾区包括香港特别行政区、澳门特别行政区和广东省广州市、深圳市、珠海市等 9 个市，总面积 5.6 万 km^2，是继东京湾区、纽约湾区、旧金山湾区之后又一个世界级的湾区。大湾区内河道交错密布，水域形成了复杂的网状交叉；各城市密集的生产企业、城镇规模都在不断扩张，工农业生产、生活污水的多向性汇集，最终形成了粤港澳大湾区大规模的水污染。水安全问题已成为影响粤港澳大湾区可持续发展和人民安居乐业的关键性瓶颈制约。2020 年 12 月，水利部与粤港澳大湾区建设领导小组办公室联合印发《粤港澳大湾区水安全保障规划》，提出构建大湾区水安全保障"四张网"：一是打造一体化高质量的供水保障网；二是构筑安全可靠的防洪减灾网；三是构建全区域绿色生态水网；四是构建现代化的智慧监管服务网。

1. 打造一体化高质量的供水安全保障网

（1）加强水资源节约集约利用。采取分片区的方式，对大湾区城市的水资源节约集约利用做出规划。对于广州和深圳片区：重点发挥用水总量对调控城市规模的作用，促进城市功能优化和产业升级；对于肇庆、惠州、江门片区：重点强化农业节水和水权交易，为大湾区水资源空间均衡提供条件；对于佛山、东莞、中山、珠海片区：重点通过提高工业企业节水的准入门槛，促进经济结构调整和产业升级。

（2）强化区域资源联合调配布局。在西江、北江和东江流域中上游骨干水库水资源联合调配的基础上，以流域水资源承载能力为约束条件，以在建的珠江三角洲水资源配置工程、已建的东深供水工程为主干，以广州、东莞、深圳各区供水主干网络为支线，连通西江、北江和东江水源，强化区域资源联合调配布局，形成"三江连通"的供水网络格局。

（3）完善大湾区供水网络格局。加快对港应急备用水源工程建设，推进澳门珠海水资源保障工程，提高对港澳供水抗风险能力。

2. 构筑安全可靠的防洪减灾网

从流域层面加强防洪（潮）治涝薄弱环节建设和联防联控，构筑安全可靠的防洪减灾网。按照"堤库结合，以泄为主、泄蓄兼施"的防洪方针，维护"三江汇流、八口出海"泄洪格局，维持伶仃洋、黄茅海河口湾滩槽格局稳定，建立西江、北江中下游堤库结合防洪工程体系、东江中下游堤库结合防洪工程体系与独立的中小河流防洪工程，保障防洪

（潮）与排涝安全。

3. 构建区域绿色生态水网

以涉水空间管控和水环境系统治理为抓手，构建区域绿色生态水网，重点包括科学划定涉水空间，强化涉水空间管控与保护、打造三江生态廊道，构建大湾区清水通道，加强生态流量监管、构筑水源涵养屏障，打造南部河口水域岸线保护带，系统治理珠江三角洲河网水生态环境、创新治水模式——万里碧道（图 1-1）等内容。

图 1-1 广州市万里碧道工程

4. 构建现代化的智慧监管服务网

以水利信息化建设和监管机制及服务创新为突破口，通过水安全保障信息化、水安全监管、水安全公共服务、水安全科技创新、水安全风险防范化解与创新水安全管理制度，构建现代化智慧监管服务网。

1.2.3 打造高质量治水的生态上海

上海市地处长江入海口，面向太平洋，是中国的国际经济、金融、贸易、航运和科技创新中心。上海市水资源总量丰富，但绝大部分为过境水量，且具有时空分布不均、丰枯交替发生的特点。

作为长江经济带的龙头城市，长三角城市群的中心城市，上海市现有水安全形势已与城市发展形势脱节，加之全球气候变化对区域水安全的巨大影响，上海市亟须谋划未来城市水资源可持续发展的策略与途径，以支撑"上海 2035"规划目标的实现。2017 年 12 月，《上海市城市总体规划（2017—2035 年）》提出了与全球城市相适应的"水安全保障更可靠、水资源供给更优质、水环境治理更生态、水管理服务更智慧"的现代水务保障体系。

1. 加强水资源多源协调与统筹

（1）保障水源地安全。未来上海城市水源地将立足市域、放眼区域（长三角地区），完善"两江并举，多源互补"的供水格局。进一步开拓黄浦江、长江口水源地。加强对咸潮入侵及海水倒灌的防范管理。提高黄浦江水源地供水安全保障，建立黄浦江上游原水系统应急机制。提高市域水源地供水联动，实现长江、黄浦江多水源互补互备。加强地下水的应急备用能力建设，建立地下水应急备用开采井布局系统鼓励雨水、再生水利用，提倡水资源的梯级利用，提高水资源利用率，提升供水能力。

（2）加强区域水资源合作。2016年底，伴随黄浦江上游水源地工程通水，陈行、青草沙、东风西沙、金泽水库四大水源地逐渐构建完毕，四大水源地全部落成，"两江并举、多源互补、多库联动"的原水供应格局得到进一步完善，四大水源地阶段性地解决了城市发展对原水供应的基础需求，成为保障城市安全的重要基石。

进一步加强与江苏、浙江在长江和太湖流域水资源供应方面的战略合作，在长三角区域内探索建立水源地联动及水资源应急机制，以满足区域原水水量水质需求为前提，保障上海远期供水需求及安全稳定，适时在长江口或上游境内开辟新水源地。

（3）健全城乡供水体系。以全面提高供水水质和可持续安全保障为目标，完善以中心水厂为主的集约化供水格局，加强清水和原水的统筹协调和优化调度，实现城乡供水均等化。加强区域供水网络间的供水管道连通，提高供水区域间联合调度及应对突发性事故能力。加大二次供水设施改造，减少老旧供水管网二次污染，提高入户水质。至2035年，全市供水水质达到国际先进标准，满足直饮需求。

2. 优化用水结构、构建节水型社会

（1）推进节水型社会建设。上海市全市用水量呈现逐年下降趋势。2019年全市用水总量76亿m³，比上年下降0.2%。上海市用水量变化情况如图1-2所示。

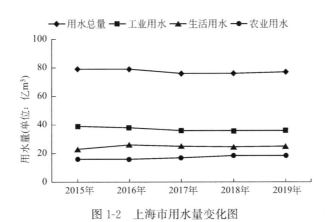

图1-2 上海市用水量变化图

继续推进节水型社会建设，实施最严格水资源管理制度，至2035年，年用水总量控制在138亿m³。开源与节流并重，提高水资源供应能力，进一步转变水资源利用方式，强化水资源的多源统筹、循环高效使用，不断提高用水效率，优化用水结构，控制取用水总量。

（2）加强雨水资源管理和海绵城市建设。贯彻低影响开发理念，建设海绵城市，加强对强降雨的预警。保护河流、湖泊，完善城乡雨水排水体系，增强下凹绿地与屋顶绿化等蓄滞雨水径流能力，发挥建筑、道路、绿地和水系等人工与自然系统对雨水的吸纳、蓄渗和缓释作用，实现"增渗减排"和源头径流量控制。加强雨水资源综合利用力度。

3. 强化水生态环境治理、提升水质

（1）提升水环境质量。进一步提高水系自然连通性，提高河道水质，强化农村地区中小河道治理。全面恢复水生态系统功能，基本实现水环境功能区达到以下标准：饮用水水源一级和二级保护区水质达到Ⅱ、Ⅲ类地表水标准；长江口水质达到Ⅱ类标准；黄浦江上游准水源保护区、崇明岛和横沙岛达到Ⅲ类标准；浦东北部地区、青松地区、蕰藻浜以北的嘉宝地区、南汇新城地区和长兴岛达到Ⅳ类标准；浦西中心城区和杭州湾沿岸地区达到Ⅴ类标准。

（2）加强海洋环境保护。加快推进海洋自然保护区建设，开展海洋公园建设，加强陆源入海污染物控制，加强海域、海岛、海岸带整治修复，实施海洋生物增殖放流、海底牧场建设，加快恢复海洋生物多样性。建立绿色港口体系，控制港口对岸线和土地资源的过度占用，避免破坏近海环境。控制海洋污染，实施近岸海域综合治理。

（3）建设崇明世界级生态岛、环淀山湖水乡古镇生态区、杭州湾北岸生态湾区等重点生态区域。

（4）推进蓝网绿道建设。以水为脉构建城市慢行休闲系统，推进滨海及骨干河道两侧生态廊道建设，修复生态岸线，促进生态、生活功能的有效融合。至2035年，建成226条水绿交融的河道空间，纳入城市蓝线严格管控，加强淀山湖周边湖泊群、太浦河、吴淞江、黄浦江上游及全市郊区水系空间保护，禁止围湖和侵占水面，科学开展退田还湖工作，恢复河道水系功能，保证河湖水面率不减少，形成市域蓝色网络框架。

4. 发展互联网＋水生态体系

智慧城市是城市能级和核心竞争力的重要体现。2020年2月上海市出台《关于进一步加快智慧城市建设的若干意见》，提出到2022年，上海将建设成为全球新型智慧城市的排头兵，国际数字经济网络的重要枢纽；优化城市智能生态环境体系建设，加强对城市生态环境保护数据的实时获取、分析和研判，提升生态资源数字化管控能力。积极发展"互联网＋回收平台"，通过水安全智能指挥、水资源智能调度、水交通智能服务、水生态环境智能监测、智能水政务系统、智慧水电子商务系统等主要措施，实现全程数字化、精细化、可视化管控。推动生态环境保护数据与城市运行应用联通，提升生态环境保护精准预测及预防能力。

第 2 章　城市水的自然-社会循环理论

随着城市规模增大，人口聚集密度增大，人与水的相互联系、相互作用日益增强。中国工程院院士、水文水资源专家王浩认为，现实的流域已找不到纯粹的自然水循环和纯粹的社会水循环，其相互作用是空前的。水在社会经济系统中的运动过程正成为控制社会系统与自然系统相互作用过程的主导力量。研究影响城市水循环的内因与外因将会为水的生态环境管理提供理论依据和指导，从根本上解决我国城市严峻的水问题。

2.1　水的自然-社会循环理论

2.1.1　水的自然循环

在太阳辐射和地心引力等自然驱动力的作用下，地球上各种形态的水通过蒸发蒸腾、水汽输送、凝结降水、植被截留、地表填洼、土壤入渗、地表径流、地下径流和湖泊海洋蓄积等环节，不断发生相态转换和周而复始运动的过程，称为水的自然循环。它将大气圈、水圈、岩石圈和生物圈相互联系起来，并在它们之间进行水分、能量和物质的交换，是自然地理环境中最主要的物质循环。

1. 水的自然循环类型与城市水的自然循环

在自然条件下，根据水循环过程中的地域范围不同，水的自然循环可分为大循环和小循环。发生在全球海洋和陆地之间的水分交换过程为大循环；发生在海洋与大气之间（海洋内循环）或陆地与大气之间（陆地内循环）的内循环水分交换过程称为小循环（图 2-1）。与人类更直接相关的是水的陆地内循环。

城市水的自然循环（图 2-2）是指以降水、地下水补给、坡地管道汇流、河川径流、蒸发、废水排放等为主的水循环。

2. 水的自然循环影响因素

影响水的自然循环过程的主要因素有气候变化、区域地理条件和人类活动干扰等。首先，在全球气候频繁变化的背景下，城市水资源时空变动的频率增加。气候变暖，地球表

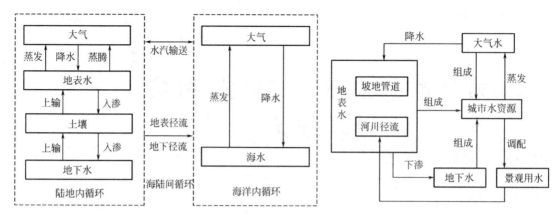

图 2-1　水的自然循环示意图　　　　图 2-2　城市水的自然循环示意图

面降水、蒸发、水汽变化规律及径流特征都发生了变化，全球平均的极端降雨次数增多。其次，城市水的自然循环具有空间和时间差异，因不同的城市所在复杂的区域地理环境特征不同，地质结构、地形、海拔高低、植被状况等地理条件也是影响水的自然循环的关键因素。再者，城市热岛效应、凝结核效应、城市空间阻碍效应等直接影响了城市中水的自然循环过程，导致一系列的生态环境问题。另外，城市管网日趋完善、下垫面条件变化等因素，也是人类活动对城市水自然循环的干扰愈加不可忽视的因素。

3. 水的自然循环的功能

在水的自然循环过程中，水的各种状态相互联系、相互作用、相互影响，共同支撑起水的自然循环的三大生态功能，包括：资源功能、环境功能和生态服务功能。

（1）资源功能

水的自然循环以江河湖海等水体为主要空间载体，各载体接受降水，并相互补给调蓄，使得各种水体不断更新，在无干扰的条件下，水文环境和水文循环系统处于动态平衡的状态，可满足地球上生物生活、社会发展等对水资源的需求。

（2）环境功能

水的自然循环的往复过程中，不仅实现了水量平衡，而且各种水体不断更新引起各圈层之间的物质转移和能量交换，影响地球或者城市局域气候变化；通过侵蚀、搬运和堆积，塑造了各种地表形象；水循环具有环境稀释作用，降低水中污染物，水体得到净化。

（3）生态服务功能

水的自然循环维持了地球上不同类型的生态系统，推进生态系统的演替等。水生态服务功能可表现为两个层次：第一层是维持人类赖以生存和发展的自然生态环境，称为水的直接生态服务功能；第二层是水为社会带来的生态经济功能，是水的衍生生态服务功能。水的良性自然循环对维持生态系统的稳定具有显著的积极影响。

2.1.2　水的社会循环

水的社会循环是指人类为了满足生活和生产的需求，实现特定的经济社会服务功能，不断取用天然环境中的水，经过使用，一部分被消耗，但绝大部分却变成生活污水和生产废水，被收集、处理后排放或利用，重新进入天然水体的过程。

城市水的社会循环包括"取水、给水处理、输水、用水、排水、污水处理、再利用"等基本环节，如图2-3所示。

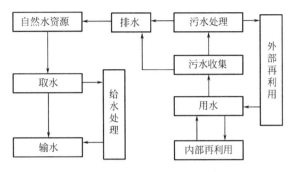

图2-3 城市水的社会循环示意图

1. 水的社会循环系统与特点

根据水在社会系统中所处的基本单元不同，水的社会循环分为六个子系统：取水系统、给水系统、用水系统、污水处理系统、再生回用系统和排水系统。各部分的作用如表2-1所示。

城市水的社会循环六个子系统及其作用 表2-1

系统	作用
取水系统	水的社会循环源头,也是将水的自然循环引入社会系统的"牵引机"
给水系统	城市取水后适当处理,使水质达到供水水质的要求,通过供水管网输送到需水用户
用水系统	水的社会循环的核心,相当于人体内的消化系统,在这个系统中,社会系统会获得水的各种价值,且使水资源价值流不断耗散
污水处理系统 再生回用系统	水的社会循环系统的"静脉"和"肝脏",实现减少环境污染,以及节约水资源的目的,是构建水的良性循环的关键
排水系统	水的社会循环的"排泄净化系统",是水的社会循环的末端,也是和水的自然循环相连接的节点

水的社会循环具有几个重要的特点：①广泛性。城市用水量增加，水的社会循环已经是城市水循环运动的基本过程，具有一定的广泛性。②复杂性。水的社会循环与外界环境之间有着物质、信息和能量的交换，人类社会经济系统高度复杂，水的社会循环的各部分组成之间关系也呈现复杂性和多样性。③传递性与循环方向不确定性。水的社会循环是因为水具有流动性和经济服务功能。从源头到末端具有传递性。水循环运动的方向受到人类活动的影响和制约，用水单元随着人类生活生产布局的改变而循环方向表现出不确定。④增值性。水资源的价值随着开发利用被不断挖掘释放，循环次数越多，水的利用效率和效益提高，单位水资源利用价值增加，因此水的社会循环具有增值性。

2. 水的社会循环影响因素

水的社会循环主要影响因素包括人口、生产力水平、制度与管理水平、水价值与水文化等。人口是水的社会循环影响的第一主导要素。人口数量的增加会直接引致用水需求增加，加大水的社会循环通量，加重水体代谢负荷（水污染），加快其循环频率。生产力水平的提高加强了人类活动对自然水循环的干扰，同时也提高了人类对社会水循环的调控能力，增强区域水资源承载能力。其他因素影响着水的社会循环的过程、结构、通量和调控等。

3. 水的社会循环功能

在水的社会循环过程中，水的功能主要包括文化休闲、产品输出、航运发电以及产业用水，这四个功能共同支撑了经济社会系统的发展。文化休闲功能包括了休闲娱乐和教育美学等；产品输出主要是指人类利用水的自然功能（如灌溉）增强经济作物产量、增加其他动植物的产出等；航运发电功能一般指水运和水力发电；产业用水功能一般包含了居民生活供水和产业用水等。因此，水的社会循环具有经济功能、社会功能和生态服务功能。

中国历史上建于公元前256年的都江堰（图2-4），是蜀郡守李冰根据江河山口特殊的地形、水脉、水势条件，采用工程技术手段建造。都江堰具有防洪、灌溉、水运、水力发电及景观等综合生态服务功能，充分发挥了水循环的自然属性和社会属性。持续运转2200多年的都江堰，以无坝引水为特征的大型生态水利工程，已成为著名文化休闲场所，被誉为"世界水利文化的鼻祖"。

图2-4　都江堰设计示意图

2.1.3　城市水的自然-社会循环关系

城市水的自然循环和社会循环之间相互影响、相互作用、相互转化。其关系表现在三个方面：通量上此消彼长，过程上深度耦合，功能上竞争融合。

1. 通量上此消彼长

水循环通量是指在某个特定的区域中，单位时间内水的流通量。由于城市土地利用格局和不透水下垫面等原因影响城市水自然环境及其产汇流过程，城市水的自然循环通量总体上呈现降低趋势。

城市水循环环节不断增加，循环路径不断延长，水的社会循环系统日益复杂。预计到2030 年，我国城镇化率将达到 70%，城镇生活总用水量预计将超过 900 亿 m³。城镇用水量不断增加，水的社会循环通量增加。因此，城市化建设增加了自然水通量向社会用水通量的转化。

2. 过程上深度耦合

水的自然循环和社会循环并非完全独立。自然水循环的"降水——坡面——河道——地下"四大路径与社会水循环的"取水——给水——用水——排水——污水处理——再生回用"六大路径交叉耦合、相互作用，形成了相互嵌套的二元水循环复杂系统结构，如图 2-5 所示。

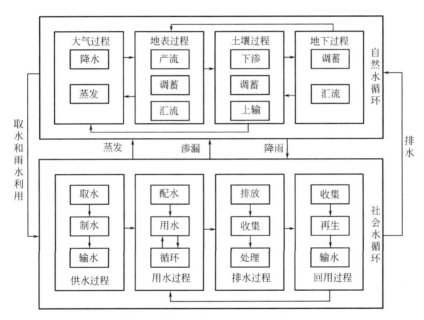

图 2-5　城市水的自然-社会循环过程

在自然水循环的每个过程中，水的社会循环都有可能参与其中，改变了自然循环的循环参数，比如人工降雨、温室气体排放过程改变了大气水循环过程；城市建设过程中大面积低渗水率地面改变了土壤中水循环的过程等。水的自然循环过程和水的社会循环过程的耦合显著增加了水循环整体过程的复杂性和研究的难度。

3. 功能上竞争融合

"自然-社会"二元水循环使水的服务功能由自然的生态和环境范畴拓展到社会和经济的范畴。由于水的社会循环与水的自然循环通量此消彼长，社会系统的取水量、用水量、耗水量和排水量不断增加，水的自然生态和环境服务功能受到影响和侵占，对自然水循环的健康维持和用水安全带来消极影响，使二元水循环复杂系统的脆弱性增大、恢复力减弱。但是随着水处理技术的改进，水社会循环也提升了自然循环中水质和水的服务功能。

水的自然循环和社会循环功能上的这种竞争与融合的关系影响着自然生态系统和经济社会系统，将会随着社会发展而产生一系列新老交织的水问题。

2.2 城市水循环过程中的问题

人为的干扰强度超过了城市水循环的自我调节强度，使得城市水循环处于失衡的状态，城市水环境、水资源、水安全和水生态方面普遍存在严重的问题，正面临着严峻的挑战。

2.2.1 水污染

1. 水污染现状

我国水环境质量总体上呈现向好发展趋势，但面临形势仍非常严峻。体现在三个方面：①就整个地表水而言，受到严重污染的劣 Ⅴ 类水体所占比例较高，全国约 0.6%，西南诸河劣 Ⅴ 类的比例达 3.2%；29% 湖泊和水库存在不同程度的富营养化现象，主要的污染指标为总磷、化学需氧量和高锰酸盐指数。②流经城镇的一些河段和城乡接合部的一些沟渠塘坝污染普遍比较重。③涉及饮水安全的水环境突发事件频繁出现。如 2021 年 6 月深圳连续降雨，某小区水箱发生了污水倒灌的现象致整个小区饮用水出现安全问题。

2. 水污染原因

城市水污染的原因主要有外源污染、内源污染、水动力条件不足等。

（1）城镇污水和雨水等外源污染是水体污染的主要原因之一

1）城镇污水。图 2-6 为我国 2000~2018 年污水排放总体情况。可见，从 2007 年后我国工业废水排放量增长趋势明显，生活污水排放量下降，污水排放总量呈上升趋势。根据《中国统计年鉴》和《中国水资源公报》，与 2000 年相比，2019 年我国城镇人口增加了 3890 万人，是原来的 1.85 倍，城镇生活每天污水量增加约 9036m³，污水处理领域存在短板弱项。城市作为规模以上工业企业的主要聚集地，工业污染源也是水体污染不可忽视的一部分。

2）雨水。与农村地区相比，城市建筑面积远远大于草地面积，导致城市地面平均透水率低，仅有小部分雨水通过土壤下渗补给地下水。同时，在强降雨的冲刷下，道路和屋顶等附着的污染物随着雨水一起进入下水道和城市水体。雨水中污染物成分复杂，包括悬浮固体、有机污染物等，会对水体水质和循环造成很大影响。因此，城市雨水污染也是不可忽视的。

（2）内源污染

水体中底泥污染和底泥再悬浮等内源污染是水污染的重要原因。水体发臭或者底泥搅

16

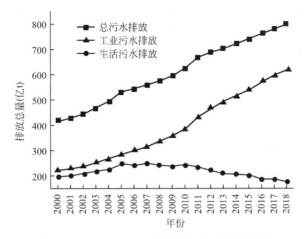

图 2-6 2000～2018 年我国污水排放总体情况

动，会导致大量底泥颗粒物发臭和上浮，底泥颗粒释放污染物，将底泥甲烷化、反硝化的代谢物引入水体，引发内源污染。

（3）水动力不足，水循环不畅

河道水量不足、流速缓慢、地表面硬质化等破坏了地表水和地下水之间的出入渗透平衡，水闸和泵站使河道水流非连续化，流速、水深等条件发生变化，上游缺少稳定的补水通道等均可造成水体循环不畅而逐渐造成污染。

3. 水污染危害

（1）影响人或其他动物的身心健康

城市人口集中，水质不达标或饮用水中残留部分砷、铬、有机氯等污染物，或微囊藻毒素、病原微生物（病毒、寄生物、微生物）等生物残留或污染严重时，将可能引发更多人或动物的健康危害事件。据研究，1996～2015 年期间有 219 例突发饮用水污染事件，有 91 例（41.6%）发病案例，共有 20641 人出现不良健康效应。

（2）影响工业生产

城市水体受到污染，水质不符合工业生产用水水质要求，会影响产品的质量、降低企业的生产效率，甚至会造成严重的生产事故和产品使用的意外事故。

（3）破坏水生态系统的平衡

大量含氮、磷元素的污水进入水体，易形成水华，水中溶解氧含量降低，水生植物、水生动物、微生物种类和数量发生变化，破坏了水生环境的生态平衡，水体的自净能力下降。

4. 水污染典型事件

2007 年 5 月，太湖爆发了有史以来最严重的蓝藻水污染事件。无锡市城区大部分居民家中自来水水质恶化并伴随臭味，引发了居民的饮水危机。表 2-2 统计了我国 2008～2015 年期间部分典型城市水污染事件。

2008～2015 年中国部分典型城市水污染事件   表 2-2

时间	水污染事件
2008 年 3 月	广东省广州市白云区钟落潭镇某村饮用水亚硝酸盐超标(工业污染造成),41 名村民中毒
2009 年 2 月	江苏省盐城市城西水厂的水源被污染(蟒蛇河上游某化工厂偷排污水造成),导致盐城市居民的自来水有刺鼻的农药味,20 多万居民停水 66h
2010 年 7 月	福建某矿发生废水外渗,导致沿江上杭、永定鱼类大面积死亡和水质污染
2010 年 9 月	山东省东营市潍坊路北侧、庐山路西侧排碱沟受到污水污染,附近村民发生呕吐现象
2011 年 6 月	广东省化州市某高岭土厂非法排放工业污水,造成附近村庄逾万斤塘鱼暴毙,威胁湛江数百万人的饮用水安全
2011 年 6 月	浙江省建德市发生车祸,20t 苯酚污染新安江水体,桐庐及富阳境内 5 个水厂停止取水,55 万居民用水受影响
2011 年 7 月	四川省阿坝州松潘县境内一家电解锰厂的尾矿渣被洪水卷入涪江,导致沿岸江油至绵阳段约 50 万居民饮用水受影响
2011 年 8 月	江西省瑞昌市某企业排放工业污水,污水渗入土壤腐蚀地下自来水管导致破裂并污染水质,百余人饮水中毒
2012 年 1 月	广西壮族自治区龙江河突发严重镉污染,河水中的镉含量约 20t,污染波及河段达 300km,引发当地居民饮用水安全危机
2015 年 4 月	湖北省宜昌市长阳县化工污染,溪水污染变黑变臭,并流入母亲河清江
2015 年 5 月	河北省张家口宣化一中发生了因饮用水渗入污水的水污染事件,事件造成部分学生出现呕吐、腹泻等现象

2.2.2 水资源短缺

王浩和陈家琦等人指出,水资源短缺是指在一定经济技术条件下,可供应的水资源量和质的时空分布不能满足区域内生产、生活以及生态需求的一种不可持续的状态。

1. 水资源短缺现状

2011 年 2 月,水利部介绍了《国务院关于实行最严格水资源管理制度的意见》出台背景和主要内容:我国当前水资源短缺情况十分突出,人均水资源量只有 2100m³,为世界人均水平的 28%,全国年平均缺水量 500 多亿 m³,2/3 的城市缺水。

水资源短缺成为很多城市可持续发展的"瓶颈"。全国 600 多个城市中,缺水城市有 400 多个,其中严重缺水城市 114 个。据水利部统计,在 32 个百万人口以上的特大城市中,有 30 个特大城市长期受缺水困扰。

2. 水资源短缺类型

(1) 水质型缺水

我国绝大多数城市的缺水是属于水质型缺水(又称污染型缺水)。很多城市在建设初期没有重视雨污分流和排水管网规划布置,大量城市污水排入自然水域,水质不达标而造成缺水。据调查,全国 90% 以上的城市水体受到不同程度的污染,全国近 50% 的重点城镇集中饮用水水源不符合取水标准。

（2）资源型缺水

资源型缺水主要是区域自然条件和气候条件造成的天然水资源分布不平衡造成的缺水。据统计，我国约 10％的城市缺水是由于资源型短缺引起的。

（3）工程型缺水

城市供水的可靠性要求较高，需水量的增长速率远大于供水量增长速率，致使一些城市出现工程型缺水。我国工程型缺水的城市比较分散，主要是一些中、小城市。

总体上，我国北方城市多表现为资源型缺水，南方城市多是水质型缺水；工程型缺水与水质型缺水城市占总缺水城市的 70％以上。

3. 水资源短缺原因

我国城市水资源短缺的具体原因有：①城市人口增多，居民生活用水和工业用水集中，供需矛盾尖锐；②水资源浪费严重。人们节水意识低，城市管网改造不及时，管道水漏损率高等情况，造成水资源浪费；③水资源污染严重，使得部分水体的使用价值降低；④城市化进程中，过度开发水资源，毁林毁草，水源得不到涵养，土壤退化，城市可使用淡水急剧减少。

4. 水资源短缺的典型省市

北京市是典型的资源型重度缺水城市之一。根据国家统计局发布的《中国统计年鉴（2020）》，北京市人均水资源量为 114.2m³/人，是全国平均水平的 5.5％，远低于国际公认的 1000m³/人水资源量水平，也低于国际公认的 500m³/人极度缺水警戒线标准，北京人均水资源量与中国和世界平均水平对比如图 2-7 所示。近年来，通过南水北调工程、改变发展方式、推进产业转型、扩大再生水利用并普及水资源节约意识，尽量减少水耗和水环境污染，使北京市供水安全得到了保障。但是有限的水资源供给和用水需求的矛盾将是长期的问题，仍是制约北京社会经济可持续发展的重要因素。

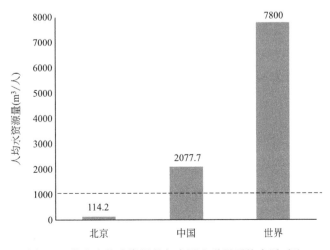

图 2-7　北京人均水资源量与中国和世界平均水平对比

上海市是典型的水质型缺水城市之一。上海市作为特大型国际大都市，实行双水源地供水配制（黄浦江和长江口），供水水源主要来自黄浦江上游，20世纪90年代后开始建设陈行、青草沙等以长江口作为供水水源的水库。由于上海市处在长江流域的末端，黄浦江处在太湖流域的末端。长江流域、太湖流域沿岸存在一些排污口，对水质影响很大。以位于青浦区的黄浦江上游金泽水源地为例，金泽水库平面如图2-8所示，其取水口位于上海、江苏、浙江三省市交界处，上游为江苏苏州吴江的汾湖工业区，执行地表水标准。下游上海段则执行饮用水水源标准，上游开发、下游保护的局面对金泽水源地水质造成较大压力。

图 2-8　金泽水库设计示意图

贵州省是典型的工程型缺水省份之一。贵州省境内水网密布，河流发源较多，是长江源头和珠江源头的重要生态屏障，人均水资源量约是全国平均水平的1.5倍。但贵州省地形地貌复杂多样，以高原山地为主，河流走势复杂，受技术开发条件的约束，运输成本高，造成贵州省水资源开发利用难度大。

2.2.3　城市内涝

1. 城市内涝现状

城市内涝是指由于强降水或连续性降水超过城市排水能力，致使城市内产生积水灾害的现象。据统计，2008～2016年间，我国每年均有超过130座城市遭受洪涝灾害，在2010年有高达258座城市发生洪涝灾害。

2. 城市内涝原因

（1）气候变暖导致地球局部暴雨频次增多和强度增高

近百年来，全球变暖背景下大气平均气温的升高，因水蒸气含量的增加而导致大气中能量存储趋于攀升。大气储能由于水汽相变而释放，表征为闪电和雷暴，并伴随着强降雨过程甚至特大暴雨，降水频率和强度增加。

（2）城市建设规划未遵循原有自然地理格局

在城市建设过程中追求几何对称之美，环路型格局不断增大，破坏了原有的古河道水系网络；大量天然林地被不透水或低透水地面所替代，城市河湖面积萎缩，城市内涝调蓄空间大大缩减；暴雨产流后在道路上快速行洪，造成河道流量快速增加，水位上升，遇到特大暴雨时往往会造成严重城市内涝。

（3）城市排水系统建设滞后

与城市地面建设相比，城市排水系统规划建设和管理明显滞后。现在很多城市出现内涝，不仅仅是气候变暖、城市地理格局改变和排水系统建设滞后等问题，更是因为在城市建设中忽视了城市生态系统建设，使其失去了"循环性""韧性""弹性"。

3. 城市内涝危害

城市内涝不仅会影响城市道路、桥梁、地铁等公共交通，还有可能导致城市变电站、供水电路、通信线路等出现故障，造成停电停水，影响人们的生命财产安全。2019 年，全国因洪涝共造成 4766.6 万人次受灾，658 人死亡失踪，263.2 万人次紧急转移，10.3 万间房屋倒塌，14.8 万间严重损坏；农作物受灾面积 668.04 千 hm^2，其中绝收面积 132.15 千 hm^2；直接经济损失 1922.7 亿元，占当年 GDP 的 0.19%。部分城市内涝实况如图 2-9 所示。

(a) 广州普降大雨，多地出现积水

(b) 2015年浙江宁波城市积水内涝严重

(c) 2019年昆明市连续强降雨引发城市内涝

(d) 2021年郑州特大暴雨引发城市内涝

图 2-9　部分城市内涝实况

4. 城市内涝典型事件

2012 年 7 月 21 日，北京市遭遇 61 年来最强降雨，全市平均降雨量为 170mm，城区平均降雨量 215mm，暴雨及其衍生的溺水、触电、房屋倒塌等共导致 79 人死亡，190 万人受灾，经济损失近百亿元；机场、地铁和市内公交大面积停运或受到影响，大量汽车被水浸泡，多条输电线路受损。

2016 年 6 月 30 日至 7 月 7 日，武汉市降雨量达到 582.5mm，为武汉市有气象记录以来周降雨量最高值，暴雨灾害导致全市 14 人死亡，75.7 万人受灾，坍塌房屋 5848 间，经济损失 22.65 亿元，216 条公交线路停运。

2021 年 7 月 20 日，郑州市遭遇特大暴雨，雨水降水持续时间长，强度大，仅 7 月 20 日 16～17 时降雨量达 201.9mm，相当于有 106 个西湖的水被倒进了郑州市，是我国目前陆地小时降雨量极值。我国近 10 年部分城市发生的内涝事件见表 2-3。

近 10 年部分城市发生的内涝事件 表 2-3

时间	地区	暴雨级别	降雨量（mm）	经济损失（亿元）
2011-06-23	北京	特大暴雨	213.4	约 100
2012-07-21	北京	特大暴雨	＞460	159.9
2013-08-22	武汉	大暴雨	＞101.1	2.5
2016-07-19	邢台	特大暴雨	673.5	163.7
2017-06-29	长沙	特大暴雨	369	53
2020-08-04	乐清	特大暴雨	552	104.6
2021-07-20	郑州	特大暴雨	552	532

2.2.4 城市生态系统退化

水生态系统具有开放性，容易受外界影响而发生变化。水的循环与其伴生的生态过程演变失衡是水生态退化最主要的驱动因素。城市成为一个生态相对脆弱的区域，水生态持续退化，生态系统服务功能大幅度丧失。

城市生态系统退化主要表现为水域空间减小、水土流失、湿地退化、河道淤积、生态斑块与廊道整体连通性减弱等一系列生态与环境问题，与水的循环过程的改变密不可分。

1. 水域空间减少

部分城市在建设过程中存在围垦湖泊、侵占水域、超标排污、违法养殖、非法采砂等行为，造成湖泊面积萎缩、水域空间减少、水质恶化、生物栖息地破坏等问题突出，水域空间功能严重退化。中国城市湖泊景观破碎程度变大且水域边界形状变得更加简单和规则。据报道，我国城市建设活动将城市湖泊水域转化为建成区以及工业区等建筑用地使湖泊面积减少 67.9%。

赵获能通过遥感资料和流域水文气象数据发现，在 1850～2015 年间，珠江河口三角洲整个河口湾水域面积减少约 35%（1258km²），外伶仃洋河口区水域面积只减少了 3%（26km²），而磨刀-鸡啼门河口区、内伶仃洋河口区和黄茅海河口区分别减少了 62%（525km²）、36%（405km²）和 39%（301km²），超过 20 个岛屿被逐步合并到陆地。

2. 水土流失

城市化导致城市地区的水塘、河流等消失或被改造，加上不透水地表面积显著增加，使强降水或连续性降水径流产生的洪峰流量和能量集中，加大了水流的侵蚀能力；城市化基础建设产生的大量松散堆积物以及城市生活垃圾的乱堆乱放为径流侵蚀提供了丰富的物质基础。水土流失不仅造成城市生态区土层变薄，土壤功能下降，同时土壤侵蚀产生大量的泥沙淤积于城市排洪渠、下水道、河道等排洪设施中，大大降低了这些设施的排洪泄洪能力。

据水利部统计，2019 年全国水土流失面积为 271.08 万 km²，占国土面积（未含香港特别行政区、澳门特别行政区和台湾地区）的 28.34%，具体水土流失情况见表 2-4。

2019 年全国水土流失具体情况　　　　　　　　　　　　　　　　　表 2-4

大分类	小分类	面积（万 km²）	占比
水土流失类型	水力侵蚀	113.47	41.86%
	风力侵蚀	157.61	58.14%
水土流失程度	轻度	170.55	62.92%
	中度及以上	100.53	37.08%
水土流失地区	西部	227.07	83.76%
	中部	29.62	10.93%
	东部	14.39	5.31%

3. 湿地退化

湿地被喻为"地球之肾"，是自然界最重要的自然资源类型之一。湿地具有重要的生态系统服务功能，如调节气候、涵养水源、净化环境、供应资源、防控灾害、保护海岸线、维持生物多样性等。同时，湿地是城市重要的生态基础设施，是构建城市生态安全体系的重要组成部分。我国 40% 的重要湿地有退化之虞，如东北三江平原沼泽湿地、长江中游地区湖泊湿地、洞庭湖湿地和江汉湖群湿地面积分别缩减了 53.4%、59.4%、47.2% 和 51.1% 左右。

湿地的退化受到人为因素与自然因素的双重影响。自然因素包括气候变化（气候变暖、降水不均等）、河流淤积、断流和径流量减少等内陆灾害和新构造运动等地质灾害。人为因素包括围垦、农牧业、城镇化、水利堤坝、污染、地下水超量开采、地下卤水和盐水入侵、过度利用生物资源等一系列人为干扰。

随着全球气候变化和快速城镇化的发展，客观认识未来城市水循环面临的主要形势与挑战是实现城市良性水循环的关键。

2.3 城市水循环面临的形势

2.3.1 存在的矛盾

河川之危、水源之危是生存环境之危、民族存续之危。在经济快速发展的同时，随着人类活动影响的加深，城市水循环呈现"自然-社会"二元循环失衡，产生了城市内涝、河道黑臭、咸潮酸雨、季节性缺水等一系列水问题，城市水循环面临着时间上不和谐、空间上不匹配的矛盾。

1. 水的自然循环极值性与人类需求的均匀性存在矛盾

受季风气候的影响，我国各地降水和径流量一年中各时间段分布不均匀，图 2-10 为 2019 年全国主要城市降雨总量与月份的关系图。可见，我国城市的平均降雨量呈现冬春季少，夏秋季多（尤其是 6 月至 8 月雨季）的特点，雨季降水量相当于全年其他月份的所有降水量 2 倍左右，部分城市雨季的降雨占全年降雨量的 87%。因此，河川全年径流量的 60%~80% 也集中在雨季，部分城市汛期径流量占全年径流总量的 90% 以上；此外，年际间的降水量和年径流量的变化也比较大。南方地区雨量充沛，部分地区最大降雨年份和最小降雨年份径流量相差超过了 20 倍。我国降雨量具有显著的年际变化和年内高度集中的特点。

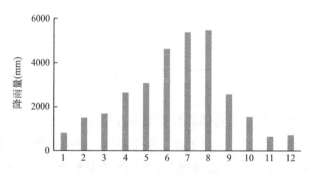

图 2-10　2019 年全国主要城市降雨总量与月份的关系

随着我国城市水系统服务范围快速扩大，城市用水需求主要集中在生活用水、工业用水与生态环境用水这三个方面。这种供水需求在区域上高度集中，在供水时间上相对均匀，水质好、水量大且稳定、用水安全保证率高。因此，水的自然循环极值性与人类需求的均匀性存在矛盾。

2. 水资源的天然分布与水社会循环相关的生产力布局不匹配

我国水资源量和人口面积资源上严重不匹配。张吉辉等人认为，水资源分布会对人口分布和经济发展有一定的影响作用。经济发展、人口和水资源禀赋状况是水资源配置的重要因素。以长江为界，我国南北水资源量和生产布局的对比见表 2-5。

我国南北水资源量和生产布局的对比　　　　　　　　　表 2-5

项目	长江以北	长江以南
占地面积百分比(%)	63.61	36.45
人口百分比(%)	46	54
耕地百分比(%)	60	40
能源	富煤区	贫煤区
水资源量百分比(%)	19	81

从表 2-5 可见,我国北方人口约占全国总人口的 1/2,但水资源占有量不足全国水资源总量的 1/5。在全国人均水量不足 $1000m^3$ 的 11 个省区中,北方即占了 8 个,而且主要集中在华北。华北平原人口密集,经济发达,但水资源最为短缺,京津冀地区的人均水资源量比以色列还低,水资源和发展之间的矛盾突出。黄淮海流域河川人均水资源只有全国平均水平的 15%,仅为世界平均水平的 1/16,是中国最缺水的地区之一。

除了人口与水资源分布不匹配外,水土资源不匹配的特点也很明显。西部和东北地区耕地面积占全国的将近 60%,耕地质量和农业生产气候条件也优于南方,但西部和东北地区水资源禀赋并不优越。北方多数粮食产区的地表水资源紧缺,灌溉用水一半以上来自地下水,甚至部分地区大量超采地下水,对区域生态环境产生不利影响。

另外,我国水资源分配与传统工业生产布局不匹配。我国许多大型工业生产基地位于北方地区,干旱缺水严重制约了工业的扩大生产。取水不便、水价高昂直接增加了工业的生产成本,影响企业的发展。改革开放后,我国珠三角、长三角地区工商服务业发展迅速也和水资源的分配有直接的关系。

2.3.2　面临的形势

在快速城镇化的同时,城市发展面临巨大的环境与资源压力,外延增长式的城市发展模式已难以为继,我国的城镇化必须进入以提升质量为主的转型发展新阶段。党的十八大报告明确提出"面对资源约束趋紧、环境污染严重、生态系统退化的严峻形势,必须树立尊重自然、顺应自然、保护自然的生态文明理念,把生态文明建设放在突出地位"。城市水循环良性发展是城市生态文明建设的重要内容,是实现城镇化和环境资源协调发展的重要体现。但目前城市水循环过程面临着以下几方面的严峻形势:水质健康保障难度大、城市硬质化建设、水资源利用率低、水务管理智慧化程度低等。

1. 水质健康保障难度大

水安全关系到资源安全、生态安全、经济安全和社会安全。"健康饮水"是水质健康保障的核心环节。由于越来越多的无机和有机污染物进入水环境(图 2-11),以及这些污染物在水环境中的长期积累和暴露,水体污染的复合性特征也表现得越来越突出,污染物由单一型向复杂型转变:多种污染共存并联合作用,多种污染效应表现出协同或拮抗作用,污染物在环境中的行为涉及多介质、多界面,同时发生的物理、化学和生物过程致使

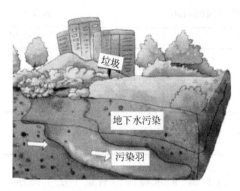

图 2-11 城市地下水污染普遍

水体污染问题更加复杂。近年来，在我国多地的地表水和地下水中检测出了上百甚至几百种有机物、重金属以及氮磷等污染物质，甚至有美国环保局提出的"优先控制污染物"和"三致"（致癌、致畸、致突变）污染物，水质污染呈明显的复合特征。重要水源地中逐渐出现持久性污染物（POPs）、挥发性有机污染物（VOCs）等严重威胁水源地水环境安全事件。而常规水处理工艺（混凝——沉淀——过滤——消毒）对复合特征污染物的去除效果不佳，水质健康的保障难度加大。

2. 城市地面硬质化建设

城市地面硬质化建设（图 2-12）对水的自然循环过程造成了很大的影响，具体表现在以下三方面：

图 2-12 城市地面硬质化建设

（1）加剧了城市内涝风险

在短时间内集中降雨时，城市地面硬质化建设导致大量雨水不能及时渗入地下，加大了排水设施的负担，增大了内涝灾害的风险。从城市内涝的现状看，不但道路窄设施旧的老城区内涝频发，楼高路宽的新城区也可能发生内涝，主要的原因就是新城区高楼林立，公园少，城市硬质化是"元凶"。

（2）加重了暴雨对城市水体的污染

地面硬质化建设后，暴雨不能及时下渗，在汇流过程中将带走大量的城市污染物，例如：汽车排放的油污、建筑材料的腐蚀物、路面的砂砾、淤泥、城市草地喷洒的农药等，这些污染物流入城市的雨水管道后无法及时处理，就直接排入城市的自然水系而使得河流、湖泊受到污染。

（3）阻隔了水的循环途径

硬质化的路面将城市地面和地面以下分成两个完全不同的环境体系，地面上的水很难渗入到地下，而地下水也很难通过蒸发作用散发到大气中，水对城市空间的温度和湿度等气候条件的调节能力下降；硬质化的地面使地面下的土壤中微生物无法得到充足的氧气和水分供应，土壤的生态系统破坏。另外，城市地面硬质化减少了地下水的补给，雨水的流失进一步加剧城市缺水问题。

3. 水资源利用率低

（1）水资源浪费严重

我国城镇水资源需求大，但用水浪费的现象严重，水资源的利用效率不高。据报道我国农村人均生活用水量为 89L/d，而城镇人均生活用水量（含公共用水）为 225L/d，是农村的 2.5 倍。城镇人口集中，但是普遍存在着没有安装水表的水龙头、非法安装供水管、水管漏水、水表失灵等现象，全国城市公共供水系统的管网漏损率平均达 15%，造成水资源的大量流失。据统计，2009 年世界综合用水量平均水平约为 711m³/万美元 GDP，中国为 1197m³/万美元 GDP，约为世界平均水平的 1.7 倍、美国的 3 倍、日本的 7.3 倍、以色列的 12 倍、德国的 12.3 倍。

（2）污水再生力度较弱

美国是世界上最早采用污水再生措施的国家之一。目前美国已有 350 余个城市实现了污水再利用，其范围涉及农业、工业、地下水回灌和景观娱乐方面。以色列有 70% 的废水经过处理并用来灌溉 1.9 万 hm² 农田，全国所需水量的 16% 由回用水来解决，甚至有处理后的废水已达到饮用水标准，可直接饮用。目前，我国污水资源化利用尚处于起步阶段。截至 2018 年，我国城镇再生水利用量 94.02 亿 m³，全国污水再生利用率为 15.98%，还有很多地区仍未启动再生水利用。

（3）雨水资源化仍在起步阶段

2013 年国务院制定的《关于加强城市基础设施建设的意见》中提出，因地制宜配套建设雨水滞渗、收集利用等调蓄设施。目前，我国部分城市已开展雨水利用工作，对城市汇水面上产生的径流进行工程化的收集、调蓄和净化，但对雨水资源化的理论研究和实际应用仍在起步阶段，缺乏系统的综合利用理论和案例研究，未形成城市雨水利用标准和规范，雨水资源化利用仍有巨大的潜力。雨水利用已成为我国发展循环经济的重要内容之一。

4. 水务管理智慧化程度低

以物联网、云计算、大数据、移动互联为典型代表的新一代信息化技术，极大地推动了智慧城市的建设。在水务行业，作为智慧城市的重要组成元素，智慧水务的建设已逐步开展。智慧水务涉及给水工程、排水工程、生态工程、环境工程、水文与水资源工程，以及水利工程等诸多学科领域。水务管理信息化的发展主要分为自动化、数字化和智慧化三个阶段。目前，我国智慧水务正从数字化水务阶段向智慧化水务阶段迈进。

智慧水务是水务信息化发展的高级阶段，是数字经济环境下传统水务管理转变发展方式、实现科学发展的必经之路，通过使用科技工具，使水务管理实现智能化、数字化、规范化，从而解决当前水务管理中的诸多问题。我国智慧水务建设还处在成长阶段，与国外相比还有差距，还需在实践中完善。

城市"自然-社会"水循环研究涉及资源、环境、生态、经济、社会等多个学科，对科学家来说是跨学科的空前挑战，对于塑造人类从根本上依赖的地球水圈的未来也非常关键。目前，国际上陆续开展"自然-人类"耦合系统、复杂性科学以及社会水文学等关于水循环研究；在国内，包含生态文明建设的五位一体国家战略和最严格水资源管理制度已开始实施。国内外科学与实践需求的形势发展，给变化中的城市"自然-社会"水循环研究带来了一系列机遇。但水循环研究仍然面临诸多问题与挑战。在气候变化与人类活动影响下，城市流域水循环系统正在发生前所未有的迅速改变，"自然-社会"水循环多时空尺度的耦合日益紧密、系统复杂性日益增强。城市"自然-社会"水循环系统的演化对社会经济模式和过程的影响越来越大，研究水循环系统的生态、健康与平衡发展，将跨学科综合研究所获取的知识运用到水利、经济社会和生态环境决策过程中，对城市水的"自然-社会"循环系统的生态建设和经济社会的可持续性发展非常重要。

第3章　城市水的生态循环理论

3.1　概述

城市水系统是城市生态系统的重要组成部分，支撑着城市的存在和发展，是城市可持续发展建设的核心内容之一。哈尔滨工业大学张杰院士指出，人们对水的健康循环认识不足，肆意取水和排放，对水循环和水环境恢复的理论缺乏系统研究，导致水循环系统处于失衡状态。这正是我国投入大量资金控制污染、治理环境，而整体环境质量仍在恶化，投资成效并不令人满意的深层次原因。城市水系统的生态循环对城市各个环境要素以及社会经济发展具有重要的影响。城市水的生态循环的最终目的就是打造城市的"幸福河"，促进城市水的健康循环与水资源的可持续利用，维护河流健康，造福人民。

3.2　城市水的生态循环建设内容

水的生态循环改善了城市水体环境质量，促进人水关系和谐，提高城市水资源量，加强了城市水体的景观功能，有助于城市水体的可持续发展。因此，城市水的生态循环随着时代发展具有几个重要的特征：健康、绿色、永续和智能。主要建设内容包含：水质健康生态建设，城市节水生态建设，海绵城市生态建设和智慧水务生态建设。

3.2.1　水质健康生态建设

健康的水质是人体健康和生态安全的基本保障。自然循环系统中，天然状态下的水循环系统在一定时期、一定区域内是动态平衡的；而当天然水体被城市开发利用进入社会循环时，便组成一个"从水源取清水"到"向水源排污水"的城市水循环系统。这个系统每循环一次，水量便可消耗 $20\%\sim30\%$，水质中就会残留更多的污染物。如果污染物的排放量超过水体自身的环境容量，城市水循环就会陷入水量越用越少、水质越用越差的恶性循环之中。

水质健康生态建设包括水源安全、供水水质安全、城镇污水治理和城市黑臭水体整治等基本内容。在水源安全与供水水质安全方面，通过生态廊道、水源地水污染预警与应急处理、长距离输配水保障、水源保护区划分等措施，加强城市水源地的保护；通过完善健康水质基准，对各类水体及传输设施进行健康评价，提高净水技术和管网水质稳定性，以确保供水水质安全，保证城市的生产生活正常运行；在城镇污水治理和城市黑臭水体整治上，推进城镇污水管网全覆盖，提升设施处理能力，因地制宜实施黑臭水体整治，确保城镇污水安全高效处理，全民共享绿色、生态、安全的城镇水生态环境，形成水的良性循环。

3.2.2 城市节水生态建设

水是生态环境的控制性要素，对经济命脉的影响至关重要。水资源短缺和水环境恶化已经成为我国生态文明建设和经济社会可持续发展的瓶颈。水的生态循环必须统筹协调城市发展与水资源保护的关系，加强节水减排的水资源管理模式，创新节水机制，全面实施节水减排工作，建设水资源生态循环型城市。

城市节水生态建设秉持"节水即治污"的理念，坚持节水优先，开展工业节水、生活节水和公共区域节水，实施城市供水管网漏损控制，严格管控高耗水行业用水；通过加强高效节水产品研发、污水与海水等非常规水源利用等措施，提高水资源利用率。城市节水生态建设有助于促进人类活动与自然的关系和谐发展，在发展中保护生态，在生态保护中实现可持续发展。

3.2.3 海绵城市生态建设

城市化带来硬质不透水路面比例显著增加，水循环路径发生较大变化。雨水下渗量减少，地表径流和洪水流量增加，洪峰形成时间缩短等境况愈加突出。加之城市排水管网"快速排除"和"末端集中"控制的传统规划建设理念，不少城市甚至出现"逢雨必涝、雨后即旱"的现象。通过海绵城市生态建设，如广州海珠湿地公园（图3-1）和珠江滨江雨水调蓄示范区（图3-2），构建可持续发展的大、小排水系统，控制面源污染、防治内涝灾害、提高雨水利用程度。构建与强化生态雨洪管理体系，是实现水的生态循环关键环节之一。

图 3-1 广州海珠湿地公园

图 3-2 珠江滨江雨水调蓄示范区

3.2.4 智慧水务生态建设

近年来信息化工程发展迅速，基于信息化的城市新型生态环境治理体系还处于起步阶段，与国家推进水治理体系和治理能力现代化的需求相比存在较大差距。通过智慧水务生态建设，在生产、管网、客服等方面充分应用智慧化手段，在饮用水安全保障、供水计量、城市防洪排涝、节水减排、消防等方面应用智能预报预警系统等。构建生态数据中心和分析评估新型生态环境治理体系；通过智慧云水务构建完善的水务信息化基础设施，在应急指挥、灾害预警、水务监管、环境保护等领域建立智慧决策体系，大力推进城市水的生态循环建设，实现水务全过程的智慧化管理。

3.3 城市水的生态循环理论

在城市人口剧增，无序、无节制取用水、持续排污的状态下，水生态系统承受着巨大的压力。如何合理开发利用水资源，成为人们面临的一个重要课题。我国近年制定了许多水相关政策，如"水十条"、《海绵城市建设指南——低影响开发雨水系统构建（试行）》《城市黑臭水体整治工作指南》《关于全面推行河长制的意见》等，为推进水生态环境治理取得很大进展，但针对城市水循环的理论研究欠缺全局性、系统性和科学性。迫切需要站在城市水循环的角度，梳理水循环理论研究的发展、理论体系和指标体系等。

张杰院士在《水环境恢复与城市水系统健康循环研究》中提出水的健康循环是水的社会循环在不损害水的自然循环规律前提下，寻求人类社会用水循环与自然循环的和谐，从而维系或恢复城市乃至流域的良好水环境，实现水资源可持续地循环与重复使用。这为城市水的生态循环提供了思路。刘俊良等认为城市健康水循环应包括水的健全循环和良性循环。健全循环是指水循环过程的"取水——给水处理——输水——用水——排水——污水处理——回用"等基本环节互为前提、相互作用、有机结合。水的良性循环即指循环过程中水体能保持良好的自我调节能力和对胁迫因子的恢复能力，并在循环过程中保持水质健康。

关于城市水的生态循环概念尚未有明确和统一界定。为探索更为有效的水生态循环模式，形成一种完善的、可自我更替的、良性演化的水生态系统过程。遵循水的自然活动规律和品格，从生态学的观念出发利用系统科学的分析方法，对水社会循环和自然循环之间的联系、水危机的根源进行深刻的剖析，对水质健康、污染源的排放、节约用水、污水再生和再利用、恢复城市雨水的循环途径、水务信息化建设和智慧管理等研究成为国内外学者的研究热点。

3.3.1 水质健康

1. 水质健康基本概念

（1）水质健康概念的提出

1）水质卫生阶段：早在公元初和古罗马时期人们就已经将水质和疾病联系起来，最早健康概念是从水中致病细菌开始的。1914 年，世界上第一个具有现代科学意义的水质标准《公共卫生署饮用水水质标准》由美国公共卫生署提出，规定了饮用水中细菌的数量。随着微生物学技术进展，水中多种病原微生物被发现，世界各国以饮用水水质的卫生学指标作为水质标准制定和管理的重点。

2）水质安全阶段：随着科学家陆续研究发现饮用水中存在消毒副产物（如三氯甲烷等致癌有机物，证实镉污染引发的"痛痛病"、汞污染引发的"水俣病"等），饮用水水质的理念从保障卫生学指标逐渐延伸到安全毒性指标。我国《生活饮用水卫生标准》GB 5749—2006 的 106 项指标中，毒理学指标有 74 项。世界卫生组织（WHO）的《饮用水水质准则》（第四版）第一部分就强调了"安全饮用水对健康至关重要，是一项基本的人权"。

3）水质健康阶段：随着医学营养学、预防医学等学科的发展，研究发现饮用水含有的阴阳离子种类及含量与水的口感的优劣及人体健康之间有密切联系。其实，我国古人早已描述了水质健康的意义，唐代张又新在《煎茶水记》里记载"陆君善于茶，盖天下闻名矣。况扬子南零水又殊绝"，指的是唐代茶学家陆羽是个品茶高手，扬子江南零水如果用来泡茶是绝佳的。现有流行病学调查表明，适当的饮用水硬度、氟含量对人体有益。氟含量太低，人类牙齿出现蛀牙和龋齿等概率增大。因此，水中部分微量元素、化合物等对人体健康有直接的联系。

我国水质研究经历了长期的卫生阶段，现在正处于水质安全的阶段。深入的水质健康理念和研究正在萌芽和发展中。

（2）人体健康水质基准

水质基准是水环境中的污染物或有害因素对人体健康、水生态系统与水使用功能不产生有害效应的最大剂量或浓度。最早的水质基准是美国于 1968 年发布的《水质基准》。随着水质基准研制方法的完善，水质基准评价体系也在不断修订。美国国家环境保护局（EPA）于 2000 年发布《推导保护人体健康水质基准方法学（2000）》。欧盟（EC）、加拿大等发达国家和地区也逐渐形成了较为完善的水质基准技术体系。其特点均以保护水生生物和保护人体健康的水质基准为主，辅以感观基准。我国水质基准研究起步较晚，2010年后有学者开展了保护水生生物的水质基准研究，2017 年环境保护部发布了《人体健康水质基准制定技术指南》HJ 837—2017。我国《人体健康水质基准制定技术指南》和美国国家环境保护局（EPA）2000 年发布的方法学均涉及污染物的毒性参数、生物累积系数、人体暴露参数和水环境参数。不同国家和地区人群的暴露参数和相应水环境参数存在很大差异。在制定人体健康水质基准时，应考虑特定地域的差异。水质基准为水质标准制定提供了科学依据，决定了水质标准的科学性和适用性。

2. 水质健康基础理论

城市水体大多为静止或流动性差的封闭的浅型水体，易受人类活动如渔业养殖、航运、污水排放、化肥施用等行为的影响，具有水环境容量小、水体自净能力弱、易污染等特点。且城市水体需要承担更多的生态服务，如水文调节能力、娱乐旅游、景观文化等功能。因此水质健康研究涉及水循环和污染物的循环、饮用水水质健康、河涌湖泊景观水体水质健康、水生态系统的完整性、城镇污水生态治理等。城市水体健康风险评价也应涵盖两大类内容，一是水质对人体健康的影响，二是水体的生态健康风险评价。

（1）水循环与污染物的环境行为

污染物在环境中发生的各种变化称为污染物的环境行为或环境转归，包括污染物的迁移和转化。污染物的迁移是指污染物在环境中发生的空间位置的移动及其引起的污染物富集、分散和消失的过程。迁移会引起污染物在环境介质中的重新分布，影响生物体接触污染物的形态、途径、时间和方式。污染物在环境中的迁移过程，不会引起化学结构的变化。污染物转化是指污染物通过物理的、化学的或生物的作用改变其原有的形态或转变为其他物质的过程。在转化过程中，会发生化学或者生物反应等，导致污染物结构或者功能发生变化。污染物的迁移和转化两者是相互依赖的连续过程，具有质的区别，但又相互联系。水体中污染物的迁移转化过程如图 3-3 所示。

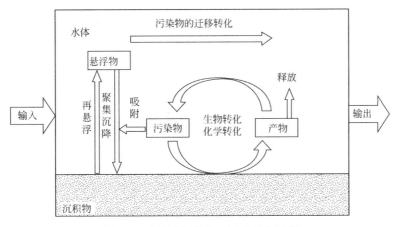

图 3-3　水体中污染物的迁移转化过程

城市的水资源流与物质流是密不可分的，污染物质在水环境中迁移和转化是随着水循环的"取——供——用——排——回用"方向流动的，最后大多通过排水系统进入污水处理厂或水体，最终沉积在水体底泥中。污染物在迁移转化中形成更稳定的化学物质，或富集在生物体内，影响水体的水质健康，对水生生物以及人体健康造成直接的影响。

污染物在水循环中的迁移方式分为机械迁移、物理-化学迁移、生物迁移等。机械迁移可分为水扩散迁移和重力迁移。物理-化学迁移包括了溶解沉淀、络合螯合、吸附解析、氧化还原、水解、光化学分解等。生物迁移是一个复杂的物理、化学、生物动力学过程，在生物迁移的过程中往往伴随着生物转化。生物迁移转化是水中有机污染物迁移的重要途径，也是污染物对生物体产生毒性效应和生态健康风险的重要途径之一。

（2）水体自净与水环境承载能力

水体自净是指水体通过一系列自然过程，使污染物质得到转化、吸收和再分配，最终恢复到初始状态的能力。水体自净能力包括了物理自净能力、化学自净能力和生物自净能力。物理自净能力是污染物通过稀释、扩散、沉淀等过程使水体得到一定的净化。化学自净能力是指通过氧化、还原和中和等化学反应降低水中污染物含量。生物自净是指水生生物对污染物的降解和吸收，降低水体中的污染物浓度。水系统所在的区域气候、水体地形地貌、流速、溶解氧、水生生物和污染物等因素均会影响水体的自净能力。当水体污染物在城市水循环的迁移转化过程中自净能力下降，污染物的浓度将会超出水环境的承载力。

水环境承载能力概念首次提出于 1992 年，是指某一地区的水资源，在一定社会历史和科学技术发展阶段，不破坏社会和生态系统时的最大可承载能力。广义的水环境承载力是指以可持续发展为原则，以维护生态环境良性发展为条件，在水资源得到合理开发利用的情况下，能支持该地区人口增长与经济发展的最大能力。水环境承载力是自然资源承载能力的一部分，我国一半以上城市的发展受到水资源短缺的制约，因此对城市水资源承载力的研究，具有理论且紧迫的现实意义。

1）水环境承载力特点

水环境承载力具有主体性、区域性、时间属性、特征污染物关联性和动态调整性等特点。

主体性：水资源是环境承载力研究的主体，客体是人类及生存的社会经济系统和环境系统的生存和发展需求。

区域性：不同区域的社会发展水平、经济结构与条件、生态环境问题等不同，水资源承载能力不同。

时间属性：水资源在不同时段内，因科技水平、水资源利用率、污水处理率、人均需求量等均有可能不同，其承载力也不同。

特征污染物关联性：对不同的污染物来说，水体的承载力不同。水体承载力反映的是水体相应的特征污染物容量不同。

动态调整性：水环境承载力反映了水体自我维持、自我调节能力以及对社会可持续发展的承受压力的不同，具有动态平衡性。

在研究水资源的环境承载力时，必须综合考虑水资源自然系统与社会经济系统、生态环境系统之间相互依赖、相互影响的复杂关系，不能孤立地计算水资源系统对某一方面的支撑作用。

2）水环境承载力分析方法

城市水环境承载力需通过对某时期的城市水质调查分析、水质规划、供水工程与污水处理回收等措施综合分析后获得的，是一个随着社会、经济、科学技术发展而变化的综合指标。

国内外关于水环境承载力分析研究尚无统一和成熟的方法。目前主要有两类研究方法：综合指标法、动态模拟和数值分析相结合法。综合指标法是通过统计和分析某地区人均占有水量、水资源开发利用率、水质体系指标、防洪防涝能力等各项综合指标来反映该地区水环境承载力现状和数值的简捷方法。动态模拟和数值分析相结合法是结合某城市自然条件和社会系统的诸多方面，利用单位固定资产产出率、工业万元产值耗水率、城市水资源总量和用水总量之比等统计数值进行动态模拟的方法，建立通用城市水环境承载力分析模型，用数值分析法获得某城市的水环境承载能力。

（3）水质健康风险评价

水质健康风险评价着重于通过水体污染物危害鉴定、污染物暴露评价和污染物与人体的剂量-反应关系分析等，定量评估水体污染物对人体健康危害的潜在风险。主要关注水体污染与人体健康之间的关系，如水体中污染物的致癌与非致癌风险评价等。有毒污染物通过各种途径进入水体，这些污染物多具有内分泌干扰、致癌、致畸、致突变作用。常规的水质化学监测等级评价体系多采用单因子指数法、内梅罗综合指数法、模糊综合法和水质生物综合评价法等方法，客观地反映水体中各种污染物残留水平，但无法直接反映水体污染物对人体健康的潜在危害。在 20 世纪 30 年代，人们意识到污染物毒性大小与人体的健康效应有密切关系，提出了人体可接受浓度的概念。并通过动物实验估计人体对污染物质的可接受摄入量，提出人体健康危险评定的安全系数法。20 世纪 80 年代，美国国家科学院（NAS）和美国环境保护局（EPA）率先引入水体健康风险评价。健康风险评价（Health Risk Assessment，HRA）是把环境污染与人体健康联系在一起的风险度评价，可用于定量描述污染对人体的健康危害风险。1883 年美国国家科学研究院在健康风险评价基础上于《风险评价在联邦政府：管理过程》书中提出污染物风险评价"四步法"（图 3-4）：危害鉴别、剂量-效应关系评价、暴露评价和危险特征分析，为人体健康风险评价提供技术指南。

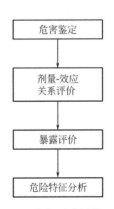

图 3-4　污染物风险评价四步法

危害鉴别是通过流行病学研究、病例报告、临床研究以及动物实验研究等获得的污染物信息，或利用待评化学物与已知的结构相似化学物进行比较，通过构效关系理论，对待评化学物进行危险度定性评价。

剂量-效应关系评定是健康危害评价的基础与关键，是对待评化学物定量评价的阶段。通过人群研究或动物实验的资料，直接或外推获得适合于人的剂量-效应曲线，确定待评化学物在某种暴露剂量下的危险度基准值。致癌物的剂量-效应关系则需要通过数学模型外推获得低剂量范围内的终生暴露阈值。

暴露评价是研究待评化学物通过呼吸道、消化道、皮肤吸收等不同方式暴露，经过测量或估算获得人群对某一化学物质暴露的水平、强度、频率和持续时间，这与毒性效应的潜伏期有很大的关系。

危险特征分析是判断人群中发生某种危害的可能性大小，并对其可信程度或不确定性加以阐述，最终以正规文件形式提供给危险管理人员，作为管理决策的依据。

目前污染物风险评价"四步法"已被荷兰、法国、日本、中国等许多国家和国际组织所采用（详细计算见本书 7.3.1 节）。

广义的水质健康风险评价还包括水体生态健康风险评价。水体生态健康关注对象是水体生态系统的构成、稳定性、功能的完整性及可持续性的潜在风险，其反映的是水体生态系统在外来干扰下维持自然状态、稳定性和自组织能力的程度。

（4）水体生态健康风险评价

当前对水体生态健康风险评价主要集中于对水体污染程度的定性描述，对水质等级的半定量评估，对河流水质参数的定量预测，以及水中部分化学物对人体健康风险评估，对水体生态系统的构成、稳定性及对外来干扰健康风险的研究十分匮乏。

1）水体生态健康

早期学者认为，水体生态健康等同于水生态系统的关键生态组分（物理组成、化学组成、生物组成）完整良好，水生态系统功能如物质循环、信息传递等没有受到损害。后期学者认为，水体生态健康是一个综合性的概念。对于城市水体生态系统来说，水体生态健康除了考虑生态系统完整的同时，还需要考虑人类社会发展对水资源的需求，需要强调水体的自然属性和社会属性相统一。健康的城市水体不仅要保持水体结构的完整性和功能的稳定性，而且具有更强的抵抗干扰、恢复自身结构和功能的能力，并持续为城市水自然循环和社会循环提供合乎自然和人类需求的生态服务。所以水生态健康主要体现在两个方面：①水体自身健康：水生态系统稳定，流通性良好，水生生物丰富，整体功能表现为多样性、复杂性和活力。②水体社会功能健康：即人水关系健康，水体可持续性地发挥其服务功能和人文景观功能，避免河流的灾害性，创造更大的效益。

2）水生态健康风险评价

目前国内外水生态健康风险评价指标主要围绕水体的水质（pH 值、浊度、溶解氧、总磷、总氮等）、生境（水体所处周边湿地面积、河岸带形态结构、河流生态流量等）和水生生物（大型水生生物种类和分布、底栖生物种类数量、鱼类数量和种类等）三类。这三类指标相互联系、相互影响。

国际上对水生态健康评价的研究主要基于河流湖泊的健康状况评价，常用的评估体系见表 3-1。

国际上水生态健康风险评价方法 表 3-1

评价体系	设计者	主要内容	国家
河流无脊椎动物预测和分类系统	Wright (1984)	对比河流自然状态下大型无脊椎动物的预测值和实际检测值,对河流进行健康评价	英国、澳大利亚等
生物完整性指数	Karr (1981)	着眼于水域生物群落结构和功能,用 12 项指标评价河流健康状况	美国、英国、澳大利亚等

评价体系	设计者	主要内容	国家
河岸，水道，环境清单综合法	Petersen (1992)	包括河岸带完整性、河道宽/深结构、河岸结构、河床条件、水生植被、鱼类等指标(共 16 个指标)	美国、瑞典、意大利等
溪流状态指数	Ladson (1999)	构建了基于河流水文学、形态特征、河岸带状况、水质及水生生物 5 方面的指标体系(共 19 项指标)	澳大利亚
河流生态环境调查	Raven (1997)	河道背景信息、河道基础数据、沉积物特征、植被类型、河岸侵蚀、河岸带特征以及土地利用等指标来评价河流生境的自然特征和质量	英国
河流健康计划	Rowntree (1994)	选用河流无脊椎动物、鱼类、河岸植被、生境完整性、水质、水文、形态 7 类指标评价河流的健康状况	南非、美国、瑞典等

从表中可见，河流湖泊健康状况评价方法从原理上主要分两类：预测模型法和多指标评价法。预测模型法主要应用于一些无干扰的河流评价，根据河流的一类或者一种特征值建立物理化学特征-生物的经验模型。然后调查被评价河流的物理化学特征和生物组成，并把其带入经验模型进行预测值计算。通过预测值与实际值的差异大小反映被评价河流的健康状况。被监测河流与预测模型比值越接近 1 表明该河流接近自然状态，其健康状况良好。该类方法仅以某一物种或者某一特征值判断建立河流的经验模型，难以反映其他指标的真实情况和变化，具有一定的局限性。多指标评价法是根据被监测河流的特殊状况设计并监测各指标的现状值，然后采用合适的评价模型对河流进行综合评价。多指标评价法能较全面客观地反映河流的真实状态，是使用较为普遍的一种方法，也是河流健康评价方法发展的一种趋势。

我国 2020 年通过的《河湖健康评价指南（试行）》就是结合我国的国情、水情和河湖管理实际，基于河湖健康概念从生态系统结构完整性、生态系统抗扰动弹性、社会服务功能可持续性三个方面建立的河湖健康评价指标体系与评价方法。从"盆""水"、生物、社会服务功能 4 个准则层对河湖健康状态进行评价，有助于快速辨识问题、及时分析原因，为各级河长、湖长及相关主管部门履行河湖管理保护职责提供参考。

3. 水质健康与水循环的关系

城市水体具有一定的自我净化能力，进入水循环的污染物会随着水的自然循环和社会循环的各个环节而发生迁移转化。水体中的污染物或者其代谢产物可能对人体和水生态造成影响，当排入水环境的污水负荷超出水体的环境承载能力，水的利用价值降低，水的循环过程受阻，将会对人体或生态系统造成危害。因此必须综合考虑水资源自然系统与社会经济系统、生态环境系统之间相互依赖、相互影响的复杂关系，进行全面的水质健康风险评价，制定人体健康水质基准。城市水质健康生态建设要求以水资源承载能力和生态环境容量为基础，关注水源地、地下水、地表水等水质情况，并测算出符合现实情况的水质基准值。这为环境决策与环境管理提供了重要依据，便于应对环境突发事件，进行污染控制和环境风险管理，加强城市水体的水生态系统稳定性及人水关系的和谐性，保障城市水生态的弹性和韧性，形成健康水循环系统。

3.3.2　城市节水

基于我国水资源严重短缺的现状，在供水资源受到约束、用水量较现状仍有较大增长需求的态势下，节水成为缓解水资源供需矛盾的根本路径。2019 年《国家节水行动方案》（发改环资规〔2019〕695 号）规定 2035 年全国用水总量控制目标为 7000 亿 m^3。城市节水是个系统性工程，必须从理论上探求节水技术的可行性、经济性等多种因素，以创新、协调、绿色、开放、共享的新发展理念引领城市节水，把人水和谐的要求贯穿和落实到城市规划建设管理全过程，构建自然健康水循环系统。

1. 城市节水基本概念

党的十九大提出了"实施国家节水行动"的战略部署，标志着新时期的节水工作已经成为国家意志和全民行动。节约用水是解决城市缺水问题的核心，是解决我国复杂水问题的关键，也是建设生态文明、促进绿色发展的必然要求。

世界各国对节约用水的定义不同，如美国水资源委员会认为节水就是减少需水量，提高用水的使用效率并减少水的损失与浪费，为了合理用水改进土地管理技术，增加可供水量。李广贺在《水资源利用与保护》中指出："节约用水，就是基于经济、社会、环境与技术发展水平，通过法律法规、管理、技术与教育手段，以及改善供水系统，减少需水量，提高用水效率，降低水的损失与浪费，合理增加水可利用量，达到环境、生态、经济效益的一致与可持续发展目标。"所以"节水"不能简单理解为节约用水、减少蓄水量，其内涵更应强调基于地域性经济、技术与社会发展状况下的有效利用水资源，通过行政、法律、经济、技术和宣传教育等综合手段，应用必要的、现实可行的工程措施和非工程措施，做好水资源的调配，提高水资源利用率和生产率，减少水资源的排放，强化水资源的循环使用，达到水的更合理利用和可持续利用。

2. 城市节水基础理论

现代化城市水资源主要依靠城市范围外的客水支持，用水和污水排放又高度集中，因此城市经济社会用水及其结构与传统城市发生显著变化。城市社会系统、水资源系统以及二者之间的相互作用极为复杂，单纯从减少城市用水量，并不能解决水资源供需矛盾。因此以水资源的自然和社会属性的特点为出发点，从城市水资源的开发、利用和管理多角度研究城市节水的条件、目标、方法和途径，对构建城市节水评价指标体系、优化配置水资源、实现水的良性循环具有重要的理论指导意义。

（1）水资源配置理论的形成

水资源规划的历史与人类文明同步。在人类文明产生的同时，就出现了水资源规划。钱穆在《中国经济史》中曾详细描绘了中国上古时代的"井田制度"（图 3-5），这种集中式生产模式，既有利于均衡人力资源开展生产，更有利于水资源的合理分配。古埃及在公元前 3500 年，就有了根据人群聚集地规划用水的活动。20 世纪中叶水资源的配置进入系统化时代，1953 年美国陆军工程师首次用计算机模拟研究了美国密苏里河流域中 6 座大型水库的运行调度。后续各国学者对不同地区的水资源利用系统工程方法考虑水资源的区域水量分配、水资源利用效率、水利工程建设次序以及水资源开发利用对国民经济发展的作用，逐步推进了水资源配置理论的形成。

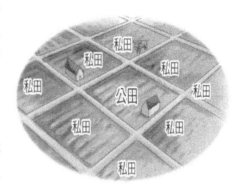

图3-5　"井田制度"示意图

（2）水资源配置基本概念

《全国水资源综合规划技术大纲》（水利部2003年）提出了水资源配置是指"在水资源生态经济系统内，按照可持续性、有效性、公平性和系统性原则，遵循自然规律和经济规律，对特定流域或区域范围内不同形式的水资源，通过工程与非工程措施，对多种可利用水资源在宏观调控下进行区域间和各用水部门间的科学配置"。水资源优化配置是实现区域水资源良性循环的根本保证，是保障区域人口、经济、生态协调发展有效途径之一。

国内外水资源配置研究经历了多个阶段，从水资源的区域来看，首先是基于区域宏观经济发展需求的区域间水资源配置，然后到基于二元水循环和生态需求的区域内水资源配置，再发展到基于实时调度的水资源智慧管理的整体配置。从水资源的类型看，经历了从基础性的水资源到考虑地表水、地下水的联合水资源配置。从水资源配置的目标来看，从单一的增加供水效益为目标发展到以经济效益最大化为目标，再发展到节水优先以可持续发展为主要目标的多目标水资源配置。水资源合理配置是将社会、经济、人工生态和天然生态统一纳入到可持续的水资源配置体系的发展理念。

我国城市间大规模调水工程，如引黄济青、南水北调东中西线，都是规模浩大的水资源配置工程，目的就是综合考虑经济社会系统、水资源系统和生态环境系统在其发展过程中相互依存与相互制约的关系，进行水量宏观调控，均衡水资源量的差异，促进水资源的天然分布与水社会循环相关的生产力布局健康发展。

（3）"节水优先"水资源配置发展内涵

随着水资源配置理念的转变，将节水指标和节水潜力纳入水资源配置方案，对传统的水资源配置方法提出了更新、更高的要求。如何体现"节水优先"的可持续水资源配置成为重要研究议题。

"节水优先"的水资源配置核心理念是从流域和区域整体出发，在分析区域水资源及其供需特点基础上，从社会、经济、生态环境三类目标实现资源、环境和生态的综合承载能力与经济社会发展相协调，进行多目标优化配置，实现水的良性循环。该理念根据不同地区水资源禀赋、水资源情况和生态环境压力负荷、水资源需求、节水潜力以及区域水资源调配和可持续发展对节约用水的要求，分地区确定节水优先资源配置的方向和任务。

"节水优先"水资源配置具有几个重要的内涵：①配置有明确的区域范围，如一座城市内；②配置水源属性多样性，包括地下水、地表水、外调水等其他可利用的水资源；

③根据区域特点和目标制定明确的配置原则；④兼顾经济目标、社会目标、生态目标，协调区域内多类型用水的水资源配置比例；⑤利用科技手段实现水资源高效利用与生态循环。

（4）"节水优先"水资源配置的发展趋势

"节水优先"的水资源配置从宏观、协调、可持续发展的角度寻求需求与供给、发展与保护等多类平衡关系的合理协调，有利于提高全社会的合理用水水平，减少新水的取用和不必要的废水排放，形成水的良性循环。其理论研究的发展趋势主要有：

1）多维调控决策机制下的水资源配置：城市水资源除了具有资源属性外，还具有生态属性、经济属性、环境属性和社会属性。五维属性之间存在着矛盾与竞争，需要多维调控决策下针对不同需求建立相应的决策机制。如建立以耗水控制为中心的水平衡决策机制，以水循环健康为中心的生态决策机制，以公平为核心的社会决策机制，以水量水质联合配置为中心的环境决策机制等。

2）基于"量、质、效"综合效率的水资源配置，促进经济、社会和环境综合效益的提高和水生态系统的良性发展。

3）低碳模式的水资源配置：将水资源配置与碳汇循环结合起来，研究城市区域碳水耦合作用机制，增加生态用水以增加碳捕获能力，构建碳水耦合水资源配置模式。

（5）生态基流理论

1）生态基流的概念

城市生态环境用水主要起两个作用：一是维持水生态系统中动植物和微生物生存发展所需的水资源和营养物质；二是水体中必须保持一定水量才能维持环境服务功能和保障自身稀释、扩散和自净能力。由于城市内水体的生态环境往往因用水得不到满足，而造成河流生态环境的退化，甚至部分城市河流湖泊干涸而断流。美国生态学家 V. E. Shelford 在 1913 年提出耐受性定律：每一个环境因子都有一个最小量和最大量的界限，生物只有处于限度范围之内才能生存。河流生态需水具有三个基点，分别是最低生态环境需水量 Q_{min}、最佳生态环境需水量 Q_{opt} 和最大生态环境需水量 Q_{max}。河道内水量和生物数量关系如图 3-6 所示。在最佳生态环境需水量 Q_{opt} 条件下，湖泊生态系统生物量最大，结构稳定，功能完善；在 Q_{min} 和 Q_{max} 条件下，湖泊生态系统关键物种不消亡，能够维持湖泊生态系统结构基本功能；若湖泊河流保有水量低于 Q_{min} 或高于 Q_{max}，水体的生态系统的结构和功能将发生变化。长期缺水状态下，原有物种被耐旱物种所代替，原有的生态功能降低，甚至有退化到荒漠状态的可能。很多学者认为保证水生态系统稳定和水资源可持续利用的关键在于维持城市水体的生态需水，生态基流的概念逐渐形成。

生态基流的概念国内外不一，有时被称为最小河流需水量、最小可接受流量、基本生态需水、生态可接受流量范围等。

2）生态基流的内涵

从生态基流的概念可以看出水体生态基流功能是水体功能的一部分，同样具有自然功能、生态环境功能和社会功能。三种功能之间的关系如图 3-7 所示。生态基流的自然功能

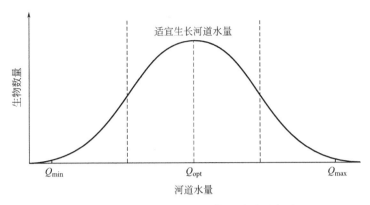

图 3-6　河道内水量和生物数量关系示意图

是其他两种功能的基础。生态环境功能是河道水体生态基流在完成输水和输沙过程的同时会产生生态环境效应,如为其他生物提供栖息地和营养物,为水生动物提供迁移和洄游的通道等。河道生态基流的社会功能不同于河流的社会功能。河流的社会功能是人类在开发利用河流时所赋予河流的功能,代表着人类对河流的索取。河道生态基流是维持河流生态的自然功能基础上,衍生出附带的满足人类部分需求的功能,并不具有强制功能。

图 3-7　生态基流功能之间的关系

　　河道生态基流研究的重点在于河流的需水界限值,即维持河流径流,参与河流水文功能和地质功能实现,是河流可持续的基本功能。生态基流的研究核心就是能保障生态环境功能的完成,保持河流和生态功能的可持续性。目前很多城市的河流湖泊或被污染或干涸,为维持河流生态基流的生态需水量缺口较大。寻求合理的水资源利用途径或合理的配置方式,以期使短缺的水资源能够得到最合理的配置和利用。

　　3)生态基流分析方法

　　生态基流的计算分析方法在 20 世纪 70 年代开始快速发展,经历了从简单到复杂的过程。全球有 44 个不同国家研究了生态基流的计算,目前国际上常用的方法有水文学法、水力学法、生境模拟法和综合法,见表 3-2。

国际生态基流计算方法统计　　　　　　　　　　　　表 3-2

方法	内容	特点	代表方法
水文学法	以河流的历史流量等水文数据为参考值计算	1. 不需现场测量; 2. 没有考虑现实河流的生态需求及地形地貌等自然条件,因而所得相关数据或成果不是十分精准	Tennant 法、7Q10 法、水生物基流法、Texas 法、水文变化范围法等

方法	内容	特点	代表方法
水力学法	以水力学为原理,河道本身结构为基础,通过实测或者曼宁公式得到水力参数来确定河流生态基本流量	1. 需要在现场进行简单的测量,数据容易获得; 2. 不能反映河流的季节性流量的变化和河流水生生物各阶段的生存需要	R2CROSS 法、湿周法等
生境模拟法	基于计算工具和数据分析模型,通过相应的河水深度、流量和水质以及其他相关参数分析拟合获得适合生物生存的栖息地适宜性曲线	1. 充分考虑了指示生物生殖和发育时期对生态环境的要求,以及季节性洪水对生境的影响; 2. 需要大量的人力和物力,且没有完全预测生物种类和数量的变化	IFIM 法、EVHA 法、PHAB-SIM 法、CASIMIR 法
综合法	对整个生态系统进行系统性分析,研究河流流量、河床结构、泥沙输移与河流生物群落之间的关系	1. 强调整个河流生态系统,并与流域管理规划相结合; 2. 涉及多种交叉学科,需要大量的人力物力	南非的 BBM 法和澳大利亚的整体评价法

各种生态基流计算方法有其自身的适用条件及优缺点,因此,在选取生态基流计算方法时,不仅要充分考虑当地气候条件、水文特征、河流形态、水生态系统类型以及工程环境影响、水生态目标和需水特点等,还应考虑满足生态需水的共性要求和实际数据获取的难易程度。对于河流有断流现象和人均水资源较少的地区,通过生态基流量科学配置和其他生态环境工程技术措施,使河流系统逐渐恢复,以保证在枯水季节不断流和提高水资源利用效率,促进河流的生态循环。

(6)其他节水理论

"节水优先"水资源配置理论在城市水资源配置的实践中发挥了很大作用,其他节水理论如非常规水源理论在城市水循环节水中也有很大的研究潜力。

非常规水源指有别于常规水资源的雨水、海水、再生水、矿坑水等,是常规水源的重要补充。水利部在 2017 年 8 月发布了《关于非常规水源纳入水资源统一配置的指导意见》,明确了非常规水源纳入水资源统一配置的目标和措施等。主要意义在于:非常规水源能有效增加区域水资源供给量,缓解水资源供需矛盾,如 2018 年我国华北、华东地区对非常规水源的利用量已相当可观,如图 3-8 所示;非常规水源如污水、雨水的回收再利用,改变了传统的"取——供——用——排"水资源利用模式,提高了水资源利用效率;非常规水源作为城市水体的补充水源,为水源需求的稳定性提供了应急方案。因此非常规水源的研究为水资源稳定性和良性循环提供了新的思路。

3. 城市节水与生态循环的关系

厉行节约用水,建立节水型社会是我国一项基本国策。城市节水生态建设是构建城市水的生态循环不可或缺的一部分。党和国家及时提出"开源节流并重,以节流为主"的方针,把节水放在突出位置,以提高用水效率为核心,全面推行各种节水技术和措施,发展节水型产业,建立节水型社会的目标和任务。针对我国城市水资源短缺的严峻态势,城市

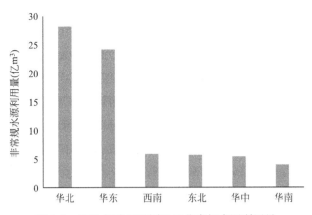

图 3-8　2018 年我国不同地区非常规水源利用量

节水增加水环境容量，降低了人类活动对自然水循环的干扰，利于维持自然水循环和社会水循环结构、过程和通量的平衡，合理优化水资源配置，有助于保障城市水体的水量和水质稳定，进而保障城市水体的生态系统稳定，实现生态循环。

3.3.3　海绵城市

1. 海绵城市概念

为应对城市丰水期内涝、水质污染、干旱期湖泊干涸等系列城市用水和水资源安全问题，我国学者在借鉴国内外先进知识和技术的基础上，提出了海绵城市建设的理念。2013年 12 月中央城镇化工作会议中强调，在城镇化建设中"优先考虑更多利用自然力量排水，建设自然存积、自然渗透、自然净化的海绵城市"。2014 年住房城乡建设部印发的《海绵城市建设技术指南——低影响开发雨水系统构建（试行）》中明确给出了"海绵城市"的概念，即城市能够像海绵一样，在适应环境变化和应对自然灾害等方面具有良好的"弹性"，下雨时吸水、蓄水、渗水、净水，需要时将蓄存的水"释放"并加以利用，提升城市生态系统功能和减少城市洪涝灾害的发生。

海绵城市强调了雨水是一种自然水资源，建设海绵城市，合理管理和利用雨水资源，是解决城市内涝和缓解城市水资源短缺的重要途径。国内外学者对海绵城市建设进行了长期实践和理论研究，已经逐步形成了多专业跨领域、中国特色的水资源管理理念。

2. 海绵城市基础理论

（1）城市水循环演变相关性

水文循环是地球上一个关键的循环过程，将大气圈、水圈、岩石圈和生物圈紧密联系起来，进行水分、能量和物质交换。中国工程院院士、水文水资源专家王浩认为城市水循环的演变可以分为三个阶段：工业化前阶段、工业化初期阶段、大规模工业化和快速城市化阶段。城市化进程与人类对自然水循环的干扰程度呈现密切的关联性。工业化前阶段，城市水循环主要以获得饮用水为目的，具有简单的城市供水系统和雨污合流排水系统。工业化初期阶段，为了满足工业生产和人类聚集生活用水的需求，出现了城市的净水、蓄水单元和污水处理单元，这个阶段的水循环模式仍以自然水循环为主导，社会水循环的影响较小。大规模工业化和城市化阶段，为了满足城市的发展，人类对自然水循环干扰程度急剧上升，远远超出了自然水循环抗干扰程度的阈值，形成了"取——供——用——排——治理——再利用"的水资源社会循环模式，呈现出鲜明的"自然-社会"二元水循环互动特征。城市工业化进程、城市水循环的演变历程如图 3-9 所示。从图中可见，随着城市工业化进一步发展，未来城市水资源利用与管理必须要遵守自然-社会水循环的规律，降低对自然水循环的干扰程度，合理地使用水资源，逐步达到社会水循环和自然水循环的耦合平衡，实现资源的可持续利用和经济社会的快速发展。

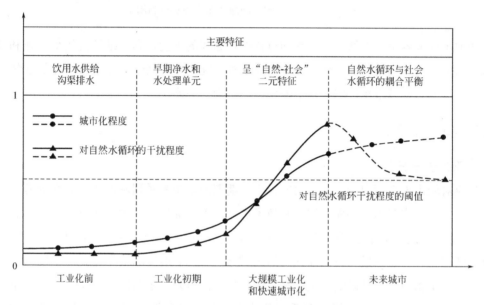

图 3-9　城市水循环演变历程及发展趋势

注：采用 0~1 来表示城市化程度和对自然水循环的扰动程度，0 表示无城市化以及对自然
水循环无干扰，1 表示完全城市化或对自然水循环的完全干扰。

（2）雨水资源化及管理理论

在水资源短缺的情况下，雨水是一种良好的自然水资源，但由于人类活动影响了雨水入渗、径流等过程，"逢雨必涝，雨后即旱"是不少城市的通病。雨水资源化对城市水生态系统建设具有很重要的作用，不仅能消除城市内涝灾害，还能补充旱季城市的水资源，减少对地表水和地下水资源的开发，达到可永续发展的目标，合理管理和利用雨水是解决城市内涝和缓解城市水资源短缺的重要途径。

美国环保局（EPS）早在 1977 年为了控制雨水带来的面源污染，提出城市水文循环的最佳管理措施（BMPS）法。美国马里兰州环境资源局在 1990 年针对雨水径流管理提出了低影响开发（LID）概念，主要内容是：模拟自然水文条件，采取土地规划和工程设计的方法来管理雨水径流，将景观规划设计和雨洪控制巧妙结合，维持开发前的水文条件，控制径流污染和减少污染排放，从而实现雨水的可持续性管理和景观多功能性，实现对生态环境产生最低负面影响的目标。最初设计是在水资源进入市政管道之前，在区域内应用一些源头分散式小型设施，如生物滞留（雨水花园）、绿色屋顶、透水铺装、植草沟等对中小降雨的径流总量和污染物控制。但是 LID 设施对于城市内大流量水域、特大暴雨事件的应对能力不足，难以应对大中城市排水防涝、水资源短缺等错综复杂的水循环问题。

1994 年澳大利亚学者提出水敏感城市设计（WSUD）：以水循环为核心，把雨水、给水、污水（中水）管理作为水循环的各个环节，兼顾景观、生态。雨水系统是水敏感性城市设计中最重要的子系统，必须具备构建一个良性的雨水子系统维持城市的良性水循环。在 20 世纪 90 年代后期，随着城市污水和洪水管理的问题频繁出现，WSUD 的概念逐渐得到认可。

1999 年英国在最佳管理措施（BMPS）实践的基础上，将可持续发展概念纳入排水系统，建立了可持续排水系统（SUDS），核心就是对地表水和地下水系统进行可持续式管理。

新西兰政府 2003 年综合了 BMPS、LID 和 WSUD 和本国的法律法规，推出低影响城市设计与开发研究方案（LIUDD）。强调绿色空间和蓝色空间的结合，对供水、废水和雨水综合管理，强调城市水循环本地化，倡导雨水就地收集。

这些雨洪水管理理念逐步从低影响开发设施基础上加上了排水防涝、污水管网等灰色基础设施，并引入生态循环的理念，是海绵城市理论的基础。强调水资源不仅要满足城市当前和未来的发展需要，还要求具有环境友好、生态完整、可持续的特点。

（3）海绵城市理论

近年来，学者们对于城市水循环的模式进行了大量研究，任南琪院士提出的城市水循环系统 4.0 版本的理论影响最为突出，城市水循环系统的发展如图 3-10 所示。

城市水循环体系 1.0 版本是绿色自然循环版本，是指在城镇发展早期，城市内河流湖泊中的自然水资源经过人类利用后，再直接进入湖泊、河涌等，经过过滤渗透等自然净化。该阶段水的净化完全依赖于水体自净能力。城市水循环系统 2.0 版本是灰色供水管网版本，即城市饮用水资源经过引水系统到达自来水厂，经过处理通过供水管网分散到城市的各个用户单元当中。用户使用后经管道进入污水处理厂或者直排到自然水体中，因污水没有彻底净化而导致城市出现了很多黑臭水体或者湖泊干涸。城市水循环系统 3.0 版本则是灰色＋绿色的系统——城市水体与湿地版本，充分发挥自然净化系统的渗、滞、蓄、净与人工强化模式，实现水资源的有效利用；在污水资源回用于生产、生活和生态的各个环境或者采用梯级利用水资源的基础上，充分利用城市水体和城市湿地的生态净化功能，减轻城市"逢雨必涝"等水安全问题，实现城市水资源的合理利用。城市水循环系统 4.0——海绵城市与水生态宜居版本，强调绿色模式和灰色模式的结合，即在大数据采集的基础上，统筹城市水系统的综合规划、设计和实施，加入了大排水系统与水资源的最大

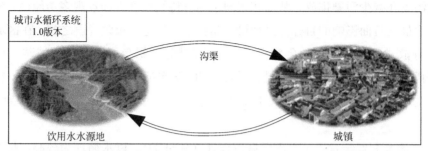

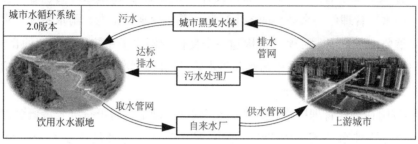

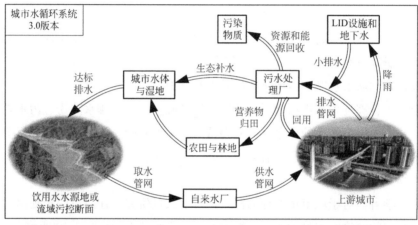

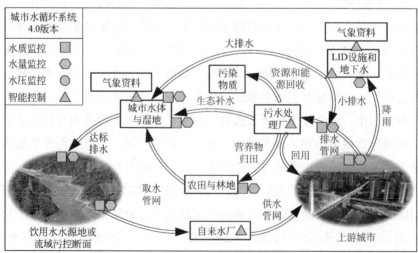

图 3-10　城市水循环系统的发展

效益化设施,强化海绵城市设施对雨水的收集与利用,使社会水循环能够与自然水循环相互贯通,实现城市排涝和环境宜居的目标。

3. 海绵城市与生态循环的关系

在提升城市排水系统时优先考虑把有限的雨水留下来,建设自然积存、自然渗透、自然净化的"海绵城市"理念逐步融入城市规划建设管理各个环节。海绵城市生态建设在城市水生态循环中占有重要的地位。其主要途径是合理确定城市人口、用水、用地规模,确定开发建设密度和强度;提升城市对雨水的利用、调蓄、吸纳能力;采用源头消减、过程控制、末端治理等多重手段,通过渗透、滞留、调蓄、净化、回用、排放等多种技术,实现城市水资源的良性循环。截至 2020 年底,我国共建成海绵城市建设理念的项目达到 4 万多个,提升了雨水资源涵养能力和综合利用水平,实现雨水资源年利用量 3.5 亿 t。系统化全域推进海绵城市建设,构建连续完整的生态基础设施体系,促进城市水的生态循环。

3.3.4 智慧水务

1. 智慧水务基本概念

我国城市水资源短缺与用水需求矛盾激增,用水过程和粗放管理使得水资源在用水变化环境中的不确定性不断增大,多个利益主体的水资源开发和利用的冲突和矛盾,均加大了水资源系统管理的难度和风险,这些属于水务管理问题。城市智慧水务是指通过信息技术为城市的水务管理提供信息化、智慧化支撑,通过构建全方位的城市智能水务管理系统,利用计算机模型和智能控制模型,对城市供水、内涝风险进行测控,根据数据推算、预测城市供排水情况,并为管理者提供一定的处理意见的智能化系统。智慧水务系统涵盖广泛,不仅包括水厂自动化管理、城市排污水处理、水质检测,还包括城市防旱排涝,水务智慧安防等功能,可有效评估城市内涝风险,及时测控供排水管道压力减少突发事故,精准检测排污流量严控环境污染,是一种基于大数据、物联网的综合性一体化信息管理平台。

2. 智慧水务的基础理论

(1)智慧水务的发展阶段

国内外智慧水务的需求呈现爆发式增长,城市水务的节能降耗、运转自动化程度不断提升,将互联网技术、大数据技术和5G、人工智能综合应用各种高新科技,以工业化促进信息化的"两化融合"新型智慧水务模式发展成为必然趋势。智慧水务发展大体可分为四个阶段,即水务发展的基础阶段、自动化阶段、数字化阶段和智慧化阶段。智慧水务各阶段的建设内容和目标均与计算机技术、物联网技术等科技进步紧密相关。不同发展阶段的内容和特征见表3-3。目前我国大多数城市已经实现水务数据的信息化,智慧化水务对水务资源的算法应用和移动应用等方面需要深入研究,大部分城市尚处于研究阶段。

水务发展阶段及其特征 表 3-3

发展阶段	主要内容	特征
基础阶段	多途径增加供水能力	数据采集及操控以人工为主
自动化阶段	基础信息的自动采集,生产过程的自动化操控,工艺优化、提升生产效率	自动化控制为主
数字化阶段	无线传感器网络、数据库等技术,提高信息储存、查询和回溯的效率,实现行政办公和业务化管理信息化	企业信息化建设为主
智慧化阶段	运用物联网等新一代信息技术;对数据进行深度处理,实现信息化和管理提升的充分结合;随需速动、智慧经营	智慧化水务为主

（2）智慧水务组成结构和理论支撑

根据智慧水务体系构建涉及的主要领域范围将智慧水务分为三个大模块：标准体系模块、智慧水务生态数据中心模块和安全保障模块，其组成结构如图 3-11 所示。

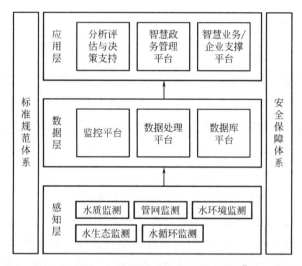

图 3-11 智慧水务组成结构

标准规范体系是支撑智慧水务系统设计、建设和运行的基础，是实现应用协同和信息共享的必要步骤，可节省各部门项目建设成本，实现系统扩充、持续改进和版本升级的前提。安全保障体系是智慧水务体系稳定运行的安全应用基础，包括物理安全、网络安全、信息安全及安全管理等，是智慧水务开放性、兼容性、可扩展性和可操作性的基础保障。智慧水务生态数据中心是智慧水务的核心内容，根据其主体功能和目标不同分为三个层次：感知层、数据层和应用层。

1）感知层

感知层是智慧水务的触觉感知器官，也是最基础的数据来源。感知层包括水质检测、管网检测等，通过建立一个智能监测网络，完善信息采集，准确提供监测数据。水质各项监测技术不仅要求水质监测的精度、效率、稳定性等，还要求成本低、自动化水平高。感知层信息为监测人员提供更加合理的水资源质与量的动态信息，便于完成水资源的高效管理和正确决策。但目前为止，部分城市水务公司在地理信息系统、管网资产数据、数据采集与监视控制系统的建设尚未完成。为了积极响应国家相关政策要求，必须加大物联网等技术的研发力度，完善监测数据采集技术，提供全面合理的分析数据。

2）数据层

数据层是智慧水务建设和运营的基础核心部分，主要负责数据的采集、整理、处理、建库以及备份，对数据分析处理，建立综合数据库，实现网络层信息到应用层信息的转换。数据层包括监控平台、数据处理平台、数据库平台。按照数据信息化的流程分为网络与硬件设施层级、应用软件支撑层级、基础数据资料层级、监测数据采集传输层级、模型与算法层级、自控指令下达层级、专项数据库层级、业务应用层级等。

3）应用层

应用层是智慧水务的拓展和输出部分。在数据层的基础上，建立一个管理和数据储存服务平台。这个平台服务于最终需求端，实现对数据信息和智能化网络的共享，负责整个系统的管理运营和维护，提高水务管理部门的协同能力和决策能力，最终实现智慧水务的应用。

3. 智慧水务与生态循环的关系

在智慧城市与数字城市建立的基础框架上，通过智慧水务生态建设，将生态系统与人类社会进行有效融合，自动和实时地感知生态系统各要素之间以及整个生态系统与人的依存关系，为经济发展、城市管理和公众提供各种智能化服务，提升生态系统质量和稳定性，有助于打造城市水的生态循环。因此，智慧水务是新型生态环境治理体系构建的必然趋势，促进了产业结构的优化和经营成本的降低，提高了企业的经营效能，是智慧城市不可或缺的一部分；是实施最严格水资源管理的有力保障，是生态文明建设的重要抓手，也是服务型政府建设的重要内容。

智慧水务发展数十年，从智慧城市建设对水务的基本需求入手，将信息化和数字化手段有机结合，在水务管理中全面实施智慧应用、实时感知、有效预测等领域虽然积累了很多经验，但付诸实施领域很少。目前主要应用领域包括信息服务业务、水环境业务、灾害预防业务、辅助决策等。

与国外相比，我国在水务智能化管理和数学模型研究方面相对滞后。其发展的热点领域包括：

（1）水生态循环中不断发展的新信息技术融合进水务管理平台设计中。

（2）信息数据的预测方法研究。在实际中长期预测研究中，现代预测方法主要有灰色预测法、神经网络法、不确定性系统法和模糊预测法等。这些方法直接运用非线性的数学理论预测，更为准确和全面，更适应实际预测需求。但现代模型的建立较为复杂，资源耗费较大，还需要深入研究。

第 4 章 水质健康生态建设

4.1 基本内容

安全健康的饮用水是人体循环系统、呼吸系统、消化系统、泌尿系统等 11 个系统正常工作的必要保证。近年来，新型冠状病毒感染的肺炎疫情在全世界各国传播，带来了生态环境风险。我国生态环境部印发了多个文件，强调一定要确保地表水体和地下水体的卫生安全，避免遭受病毒污染，为人们提供健康的用水。

世界卫生组织（WHO）对健康水提出了三个水质基准：一是没有污染，不含致病菌、重金属和有害化学物质；二是含有人体所需的天然矿物质和微量元素；三是生命活力没有退化，呈弱碱性，活性强等。水质基准是制定水环境质量标准的基础，也是水环境质量评价、环境风险评价、环境损害鉴定评估、水环境管理和相关政策、法律法规的重要依据。与其他发达国家相比，我国保护人体健康水环境质量基准研究起步较晚，缺乏适用于我国居民的身体指标和健康状况的基准研究数据。2017 年我国发布《人体健康水质基准制定技术指南》，推动了环境与健康管理系统化、科学化和规范化。2017 年 1 月 6 日国家实施的《健康建筑评价标准》T/ASC 02—2016 代表我国目前在健康建筑领域的最新研究成果，但其中关于饮用水的控制项要求依旧参考 2006 年颁布的《生活饮用水卫生标准》GB 5749—2006。如何在卫生、安全饮用水目标的基础上制定促进人体健康饮用水标准是新的研究发展方向。

因此，通过完善健康水质基准，对各类水体及传输设施进行健康评价，确保饮用水水源安全和二次供水水质安全，通过城镇污水治理和城市黑臭水体整治，使受污染的水回归健康，促进水生态稳定健康发展，形成水的良性循环，从而构建城市水质健康生态。

4.1.1 水源安全

开展以水的流域、区域为单元的开发与保护，提高饮用水水源保护措施的科学性，规范地下水资源的开采；加强备用水源建设，对于单一水源和供水保证率较低的城市，在全面强化节水、对现有供水水源挖潜改造的基础上，统筹考虑当地水源配置及外调水源，合理确定城市应急备用水源建设方案。

4.1.2 水质安全

针对水源水质情况，采用合理、先进和适用性强的净水工艺和技术，同步控制好出水管网中水的浊度、余氯、生物稳定性和化学稳定性等，加强管网维护管理和管网水质的监测与预测，加快实施旧管网改造，推广应用新型管材，完善二次供水系统及设施来加强管网的维护和管理。利用管网在线监测传输系统为管网优化提供科学依据和决策，保障水源到水龙头全过程的饮用水安全。

4.1.3 城镇污水治理

科学确定生活污水收集处理设施规模和布局，加快推进生活污水收集处理设施改造和建设；积极推行污水处理厂、管网与河湖水体一体化联动，保障污水收集、污水处理设施与运行管理的系统性和完整性。

4.1.4 城市黑臭水体整治

按照"管网完善、点源削减、内源治理、面源控制、科学管理"的总体思路，因地制宜开展和加大城市黑臭水体整治，合理确定水体整治和长效保持技术路线。

4.2 主要目标

4.2.1 水源安全

《国务院关于实行最严格水资源管理制度的意见》（国发〔2012〕3号）强调了严格水功能区的监督管理，加强饮用水的水源保护，推进水生态系统保护和修复。2030年水功能水质达标率提高至95%以上，城镇供水水源地水质全面达标。

《水功能区划分标准》GB/T 50594—2010，在整体功能布局确定的前提下，对重点开发利用水域详细划分多种用途的水域界限，以便为科学合理开发利用和保护水资源提供依据。我国水体根据水功能可区分为一级区和二级区。水功能一级区分为保护区、保留区、开发利用区和缓冲区四类；水功能二级区是在一级区划的开发利用区中，再进一步划分为饮用水水源区、工业用水区、农业用水区、渔业用水区、景观娱乐用水区、过渡区和排污控制区七类。不同水功能区对应的水质标准见表4-1。

不同水功能区对应的水质标准 表4-1

项目	水功能区	水质标准
一级区	保护区	应符合《地表水环境质量标准》GB 3838—2002中Ⅰ或Ⅱ类水质标准；因自然、地质原因不满足Ⅰ或Ⅱ类水质标准时，应维持现状水质
	保留区	不低于《地表水环境质量标准》GB 3838—2002Ⅲ类水质标准或按现状水质类别控制

续表

项目	水功能区	水质标准
一级区	开发利用区	根据二级水功能区划相应类别的水质标准确定
	缓冲区	根据实际执行相关水质标准或按现状水质类别控制
二级区	饮用水水源区	应符合《地表水环境质量标准》GB 3838—2002中Ⅱ或Ⅲ类水质标准
	工业用水区	应符合《地表水环境质量标准》GB 3838—2002中Ⅳ类水质标准
	农业用水区	应符合《地表水环境质量标准》GB 3838—2002中Ⅴ类水质标准
	渔业用水区	应符合《地表水环境质量标准》GB 3838—2002中Ⅱ或Ⅲ类水质标准
	景观娱乐用水区	应符合《地表水环境质量标准》GB 3838—2002中Ⅲ或Ⅳ类水质标准
	过渡区	应按出流断面水质达到相邻功能区的水质目标要求选择相应的控制标准
	排污控制区	应按其出流断面的水质状况达到相邻水功能区的水质控制标准确定

4.2.2 供水水质健康

城市供水水质安全、健康与水源、净水处理设施、供水管网及用水终端等关系密切。首先，在用水水源方面，水质优质，水量充足，保障水源安全；其次，在净水处理设施方面，提高水厂的处理效率，保障供水水质安全；另外，在输配水管道方面，供水管网安全稳定，要求生活饮用水输配水设备、防护材料及水处理材料的浸泡水后物质的量在《生活饮用水输配水设备及防护材料的安全性评价标准》GB/T 17219—1998规定范围之内，避免在输水过程中出现二次污染，保证水质健康。

通过逐步提高水源水质标准、用水水质标准与输配水管道卫生标准，完善水质基准，进而促进城市供水系统设计、施工、运营等各个环节的高质量发展，使供水水质从卫生标准、安全标准逐步过渡到健康标准。

4.2.3 污水处理提质增效

加快补齐城镇污水收集和处理设施短板，尽快实现污水管网全覆盖、全收集、全处理目标。2019年4月29日，住房城乡建设部、生态环境部等联合印发的《城镇污水处理提质增效三年行动方案（2019—2021年）》中提出，在2021年，地级及以上城市建成区基本无生活污水直排口，基本消除城中村、老旧城区和城乡接合部生活污水收集处理设施空白区，城市生活污水集中收集效能显著提高。基于该方案，各城市根据当地情况制定了具体目标。以广州为例，《广州市城镇污水处理提质增效三年行动方案（2019—2021年）》中提出，到2021年，进一步提升污水处理能力，基本消除建成区生活污水收集处理设施空白区，基本实现小区及机关事业单位生活污水的依法接入和达标排放，城市生活污水集中收集率达到80%，城市生活污水处理厂进水生化需氧量（BOD）平均浓度力争达到120mg/L，进水氨氮年均浓度保持在23.6mg/L以上。

4.2.4　河湖生态

2015 年 4 月国务院发布"水十条"中要求：在 2030 年，全国七大重点流域水质优良比例总体达到 75％以上，城市建成区黑臭水体总体得到消除，城市集中式饮用水水源水质达到或优于Ⅲ类比例总体为 95％左右，力争全国水环境质量总体改善，水生态系统功能初步恢复。到 21 世纪中叶，生态环境质量全面改善，生态系统实现良性循环。

4.3　水质标准

水质标准是科学管理水质和执行水资源保护的法规，是从事环境保护和制定社会发展决策的依据。水质标准制定的依据主要包括：①水质基准。水质基准是指水环境中的有害因素对人体健康和水生态系统不产生有害效应的最大剂量。②经济技术可行性。在水质基准的基础上，综合考虑经济可行性和技术有效性而制定出的标准，既能满足各种用途对供水水质的要求，又能使经济力量、监控技术和防治技术条件在一定时期内能够达到。③地区差异性。不同地区的水环境背景值有差异，因而相应的水质标准也不同。

4.3.1　水质标准体系

1. 水质基准

美国作为最早制定水质基准的国家，在 1968 年发布了《水质基准》，由环保局前身美国国家技术顾问委员会制定，并要求各州和部落在制定水质标准过程中采用或修正水质基准。我国系统的水环境基准研究较发达国家晚起步 30～50 年，基础相对薄弱，且环境标准与基准之间的管理运行机制在我国尚未明确。我国学者根据 US（EPA）的《推导保护人体健康水质基准方法学（2000）》与《人体健康水质基准制定技术指南》HJ 837—2017，推导了基于我国人群暴露参数的部分化学物质的人体健康水质基准值。但到目前为止，我国"水生生物基准"和"人体健康基准"尚无完整的国家标准体系。

2. 国家水质标准体系

水质标准体系由三部分组成：用水标准、水污染物排放标准和水环境质量标准。我国水质标准主要内容包含：标准限值、采样方法、评价方法和分析方法。其中，标准限值是水质标准的重中之重，是水质科学管理过程最重要的依据。目前，我国已经建立一个相对完整的水质标准体系。常见的国家标准有《地表水环境质量标准》《地下水质量标准》《生活饮用水卫生标准》《城镇污水处理厂污染物排放标准》和《城市污水再生利用》系列标准。以上几个标准的编号与标准类别见表 4-2，主要水质标准的指标个数统计结果见表 4-3。

我国主要水质标准类别 表 4-2

标准	编号	标准类别
《人体健康水质基准制定技术指南》	HJ 837—2017	制定技术指南
《地表水环境质量标准》	GB 3838—2002	强制性国家标准
《地下水质量标准》	GB/T 14848—2017	推荐性国家标准
《生活饮用水卫生标准》	GB 5749—2022	强制性国家标准
《生活饮用水标准检验方法》	GB/T 5750.1—2006~ GB/T 5750.13—2006	推荐性国家检测方法标准
《城市供水水质标准》	CJ/T 206—2005	城镇建设标准
《村镇供水工程技术规范》	SL 310—2019	水利行业标准
《食品安全国家标准 包装饮用水》	GB 19298—2014	强制性国家标准
《食品安全国家标准 饮用天然矿泉水》	GB 8537—2018	强制性国家标准
《城镇污水处理厂污染物排放标准》	GB 18918—2002	强制性国家标准
《城市污水再生利用 城市杂用水水质》	GB/T 18920—2020	推荐性国家标准
《城市污水再生利用 地下水回灌水质》	GB/T 19772—2005	推荐性国家标准
《城市污水再生利用 工业用水水质》	GB/T 19923—2005	推荐性国家标准
《城市污水再生利用 绿地灌溉水质》	GB/T 25499—2010	推荐性国家标准
《城市污水再生利用 景观环境用水水质》	GB/T 18921—2019	推荐性国家标准

主要水质标准的指标个数统计 表 4-3

指标个数　　　　　标准	感官和一般化学指标	毒理指标	微生物指标	放射性指标
《地表水环境质量标准》GB 3838—2002	20	88	1	0
《地下水质量标准》GB/T 14848—2017	20	69	2	2
《城镇污水处理厂污染物排放标准》GB 18918—2002	11	50	1	0
《生活饮用水卫生标准》GB 5749—2022[1]	21	65	5	2
《城市供水水质标准》CJ/T 206—2005	17	18	3	2
《城市污水再生利用 城市杂用水水质》GB/T 18920—2020	14	0	1	0
《城市污水再生利用 景观环境用水水质》GB/T 18921—2019	9	0	1	0
《城市污水再生利用 地下水回灌水质》GB/T 19772—2005	16	56	1	0
《城市污水再生利用 工业用水水质》GB/T 19923—2005	19	0	1	0
《城市污水再生利用 绿地灌溉水质》GB/T 25499—2010	10	22	2	0
WHO《饮用水水质准则》	26	162	28	2
美国饮用水一级标准[2]	76		7	4
美国饮用水二级标准	15			

注：1《生活饮用水卫生标准》GB 5749—2022 除上述统计指标外，还包含了 4 项饮用水中消毒剂常规指标。
　　2 美国饮用水一级标准 76 项一般化学指标和毒理指标中，有机物 53 项，无机物 16 项，消毒副产物 4 项，消毒剂 3 项；美国把浊度列入微生物学指标中。

4.3.2 人体健康水质基准特征参数

1. 水质基准特征参数与人体健康

我国水质基准的制定需要五类数据，分别是剂量-效应数据、人体暴露参数、生物累计数据、水生态环境数据和污染物理化性质。其中，剂量-效应数据来源于动物和人体的毒理数据、代谢数据和人群流行病学数据。人体暴露参数主要包括了体重、饮水量和水产品摄入量，生物累计数据包括了生物富集累积系数、生物体内残留数据、生物放大系数数据和生物脂质量数据等，水生态环境数据包括溶解态有机碳浓度、颗粒态有机碳浓度等，污染物理化性质包括电离常数和酸碱度等。

在五类数据中，水生生物对污染物的生物累积/富集系数（BAF）和人群暴露参数对人体健康水质基准的制定最为重要。此外，世界卫生组织（WHO）和美国环保局（EPS）会依据相应的危险度评价制定水质基准。目前我国在制定水质标准时尚未考虑危险度评价方法，许多限值都直接采用或借鉴发达国家或组织的水质基准或标准限值。

2. 可能的健康水质基准建议值

美国的水质标准从对每个污染物的安全限值逐步提升到更为现实可行的健康建议值。化学品标准的安全限值分为最大污染物浓度值 MCL 和最大污染物浓度目标值 MCLG。每个化学品健康建议值包括：体重为 10kg 儿童的 1d 最高容许值和 10d 最高容许值，有助于发生急性饮用水安全事故时采取措施；成人日均终生暴露剂量等。标准还给出了基准推导过程中需要用到的重要理论数值，如参考剂量及 10^{-4} 致癌风险值，帮助公众更好地理解和接受标准。砷是致癌物，MCL 为 0.01mg/L，MCLG 为 0；参考剂量为 0.0003mg/L，10^{-4} 致癌风险值为 0.002mg/L。锑是非致癌物，MCL 为 0.006mg/L，MCLG 为 0.006mg/L；体重为 10kg 儿童 1d 最高容许值为 0.01mg/L，10d 最高容许值为 0.01mg/L；成人终生日均暴露剂量为 0.006mg/L；参考剂量为 0.0004mg/L。

表 4-4 统计了我国当前在人体水质基准研究的部分成果。我国当前对人体健康水质基准主要集中于有机污染物和重金属，污染物种类不全面，且评价体系不完整，在儿童水质基准值和致癌风险等方面研究成果少。

我国人体水质基准研究部分结果　　　　　　　　　　　　　表 4-4

地区	污染物	人体健康水质基准
太湖	磷酸三(2-氯异丙基)酯(TCIPP)	55.62μg/L
太湖	磷酸三(2-氯乙基)酯(TCEP)	35.43μg/L；1.266μg/L(致癌效应基准)
太湖	双酚 AF(BPAF)	0.4455μg/L
太湖	双酚 S(BPS)	10.02μg/L
湘江	铅	5.002μg/L
湘江	砷	1.215μg/L
黄浦江	铅	13.45μg/L；1.718μg/L(儿童)

4.3.3 水质标准体系主要指标与发展趋势

1. 水质标准体系主要指标

我国现行的水质标准中增加了大量有机污染物指标，与国际上水质标准的总体发展趋势一致。目前我国水质标准主要指标可分为物理指标、化学指标、微生物指标和放射性指标四大类。

（1）物理指标：主要包括色度、浊度、臭和味。

（2）化学指标：一般着重关注溶解氧、化学需氧量、生化需氧量、总磷和总氮、pH、有毒物质指标等。

（3）微生物指标：主要是总大肠菌群、耐热大肠菌群、大肠埃希氏菌和菌落总数。

（4）放射性指标：主要是与研究区域的岩石、土壤及空气中的放射性物质相关的指标。

2. 水质标准体系修订的发展趋势

（1）指标数量不断增加，尤其是有机污染物指标数量的增加。

（2）以水质基准作为水质标准制定的科学基础。水质基准体系的研究进展，推动了水质标准的更新与修订。

（3）水质基准根据保护目标制定了水生生物基准和人体健康基准的两套标准体系（水生态标准限值和健康标准限值）。

（4）水质标准的研究，从强调水质卫生与水质安全逐步向水质健康方向发展。

4.3.4 地表水环境质量标准

1. 水体分类

水体依据地表水水域环境功能和保护目标，按水体功能高低依次划分为五类：

Ⅰ类：主要适用于源头水、国家自然保护区。

Ⅱ类：主要适用于集中式生活饮用水地表水源地一级保护区、珍稀水生生物栖息地、鱼虾类产卵场、仔稚幼鱼的索饵场等。

Ⅲ类：主要适用于集中式生活饮用水地表水源地二级保护区、鱼虾类越冬场、洄游通道、水产养殖区等渔业水域及游泳区。

Ⅳ类：主要适用于一般工业用水区及人体非直接接触的娱乐用水区。

Ⅴ类：主要适用于农业用水区及一般景观要求水域。

2. 指标变化

我国历次《地表水环境质量标准》中，标准项目设置与每一类项目指标数量在总体上不断增加（图4-1）。

国外地表水环境质量标准修订的发展趋势：美国、加拿大、欧盟（EC）等发达国家和地区已形成了自己特色的水质基准技术体系。以美国为首的水质基准，已经发展到水生

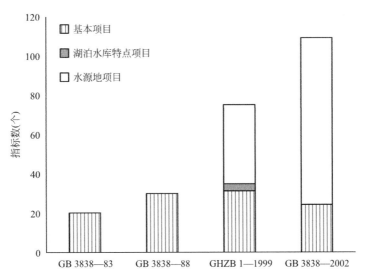

图 4-1　我国历次《地表水环境质量标准》项目数目与类型变化

生物基准和人体健康基准的双值标准体系（水生态标准限值和健康标准限值），能更好地保护水环境质量与恢复水环境生态。根据水质基准，制定了水环境中的污染物或有害因素对人体健康、水生态系统与使用功能不产生有害效应的最大剂量或浓度限值。随着研究方法学拓展，水质基准进一步更新与修订，标准中包括的指标数量，尤其是有机污染物项目增多，使制定的水质标准更加科学化与合理化。

3. 当前标准存在的问题

（1）水质指标及其标准限值未考虑地域背景值的影响。我国现行标准限值主要参考发达国家和组织的水质标准和水质基准，缺乏符合我国国情及地域背景值的环境基准支撑，容易造成对本土水生物的"过保护"或"欠保护"现象。

（2）缺乏适宜的分区域营养物标准：我国地域广阔，不同区域湖库水体的富营养化现象对营养物水平的响应差异性大，因此采用分级标准值时，应考虑不同区域水库对生物链营养化响应的差异性。

（3）水质标准项目类型覆盖不全面：《地表水环境质量标准》GB 3838—2002 中集中式生活饮用水地表水源地保护项目共计 85 项，非饮用水源的地表水体涉及水生生物保护项目则相对偏少，尤其是涉及有毒有害有机污染物的指标较缺乏。然而，美国保护水生生物基准共 60 项，欧盟（EC）保护水生生物基准共 45 项。

4.3.5　地下水质量标准

《地下水质量标准》GB/T 14848—2017 限值充分考虑了人体健康基准和风险，将地下水质量指标划分为常规指标和非常规指标。水质指标为 93 项。主要规定了地下水质量分类、指标及限值、监测方法、质量评价等内容，适用于地下水质量调查、监测、评价与管理。地下水水质分为五类：

Ⅰ类：地下水化学组分的含量低，适用于各种用途。

Ⅱ类：地下水化学组分的含量较低，适用于各种用途。

Ⅲ类：地下水化学组分的含量中等，以《生活饮用水卫生标准》GB 5749—2006 为依据，主要适用于集中式生活饮用水水源及工农业用水。

Ⅳ类：地下水化学组分的含量较高，以农业和工业用水质量要求以及一定水平的人体健康风险为依据，适用于农业和部分工业用水，适当处理后可作生活饮用水。

Ⅴ类：地下水化学组分的含量高，不宜作为生活饮用水水源，其他用水可根据使用目的选用。

4.3.6 几种典型的饮用水水质标准

1. 中国生活饮用水卫生标准

中国第一部生活饮用水水质地方标准《上海市生活饮用水水质标准》于 1950 年发布。2021 年 3 月发布了《健康直饮水水质标准》。当前，我国实施的是《生活饮用水卫生标准》GB 5749—2006，最新版《生活饮用水卫生标准》GB 5749—2022 已于 2022 年 3 月发布，预计于 2023 年 4 月正式开始实施。

我国生活饮用水卫生标准发展历程如表 4-5 所示。我国生活饮用水水质指标数量呈上升的趋势，增加的指标以毒理学指标为主（图 4-2），其中有机污染物毒性指标占到大约 70%。

我国生活饮用水卫生标准发展历程 表 4-5

时间	标准规范
1950 年	《上海市自来水水质标准》
1955 年	《自来水水质标准暂行标准》
1959 年	《生活饮用水卫生规程》
1976 年	《生活饮用水卫生标准》TJ 20—76
1985 年	《生活饮用水卫生标准》GB 5749—85
2001 年	《生活饮用水卫生规范》GB/T 5750—2001
2005 年	《城市供水水质标准》CJ/T 206—2005
2006 年	《生活饮用水卫生标准》GB 5749—2006
2018 年	《上海市生活饮用水水质标准》DB 31/T 1091—2018
2021 年	《健康直饮水水质标准》T/BJWA 001—2021
2022 年	《生活饮用水卫生标准》GB 5749—2022

现行的《生活饮用水卫生标准》GB 5749—2006（以下称原标准）已实施 14 年，在提升饮用水水质和保障饮用水安全等方面发挥了重要作用。国家卫生健康委联合有关部委根据我国发展形势的变化、人民群众对饮用水质量的需求以及标准实施过程中出现的新问题，对原标准进行了修订，并于 2022 年 3 月 5 日发布《生活饮用水卫生标准》GB 5749—2022（以下称新标准）。新标准对集中式供水、小型集中式供水等术语和定义进行修订完善或增减。与原标准相比，新标准更加关注感官指标、消毒副产物、风险变化，并提高部

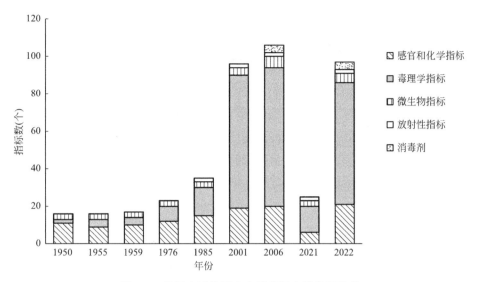

图 4-2　我国生活饮用水水质指标个数发展趋势

分指标的限制，由原标准的 106 项调整至 97 项。水质参考指标从 28 项调整至 55 项。尽管指标总数比原标准有所减少，但对指标的要求更高，对供水系统运行提出了更高的要求，该标准的实施将会推动供水行业设施、设备的改造，促进供水行业的高质量发展。

2. 国际饮用水卫生标准

目前，全世界具有国际权威性、代表性的饮用水水质标准有三个，即世界卫生组织（WHO）的《饮用水水质准则》、欧盟（EC）的《饮用水水质指令》以及美国环保局（EPA）的饮用水水质标准。其他国家或地区的饮用水标准大多以这三个标准为基础或重要参考来制定国家标准。

（1）美国饮用水水质标准：一级标准 87 项指标，其中，有机物 53 项、无机物 16 项、微生物 7 项（包括浊度在内）、放射性 4 项、消毒副产物 4 项、消毒剂 3 项。

（2）世界卫生组织（WHO）的《饮用水水质准则》：作为一种国际性的水质标准，应用范围广，已成为几乎所有国家饮用水水质标准的基础，但它不具有立法约束力，不是限制性标准。

（3）欧盟（EC）的《饮用水水质指令》：重点体现了标准的灵活性和适应性。欧盟各国可根据本国情况增加指标数，对浊度、色度等未规定具体值，成员国可在保证其他指标的基础上自行规定。该标准将污染物分为强制性和非强制性两类。在 48 项指标中有 20 项为指示参数，并参照世界卫生组织（WHO）《饮用水水质准则》引入了丙烯酰胺等有机物指标。

从总体上看，国内外饮用水标准的发展趋势相近，主要有以下四点：①对微生物指标的重要性认识越来越深刻；②对消毒剂及副产物对人体健康的影响越来越重视；③对指标的规定越来越严格全面；④关注风险效益投资分析。国内外现行的水质标准统计结果见表 4-6。

国内外饮用水现行标准   表 4-6

国家/组织	相关水质标准	实施日期	指标数目
中国	《生活饮用水卫生标准》	2023 年	97 项
中国	《城市供水水质标准》	2005 年	101 项
美国	美国饮用水水质标准(2021 年修订)	2021 年	87 项(一级),15 项(二级)
美国	美国 WELL 建筑标准(V2 版本)	2018 年	36 项
日本	《饮用水质量标准》	2017 年	51 项(法定水质基准项目) 26 项(水质管理目标设定项目) 47 项(需要讨论项目)
欧盟	《98/83/EC 指令》	1998 年	48 项(瓶桶装水 51 项)
世界卫生组织	《饮用水水质准则》(第四版第一次修订版)	2017 年	218 项

3. 美国 WELL 健康建筑标准

美国健康建筑标准（The WELL Building Standard v1）于 2014 年 10 月推出。该标准系统整合科学与医学的研究结果，阐述健康环境要素与人体各系统的作用关系，指出各环境要素对健康的积极与消极影响，并逐条提出改善健康环境的技术措施。国际 WELL 建筑研究院在 2018 年 5 月发布 WELL v2 试行版。

WELL 健康标准由空气、水、营养、光、运动、热舒适、声环境、材料、精神和社区十部分组成，共包括 111 个性能指标，其中与饮用水相关的指标如表 4-7 所示。

WELL 健康标准中与饮用水相关的主要水质指标   表 4-7

一级指标	二级指标	具体指标
基本水质	沉淀物	浊度
	微生物	大肠杆菌
水污染物	溶解重金属	铅、砷、锑、汞、镍、铜、镉、铬
	有机污染物	苯乙烯、苯、乙苯、氯乙烯、甲苯等
	消毒剂副产物	总三卤甲烷、总卤代乙酸
	除草剂和杀虫剂	阿特拉津、西玛津、2,4-二氯苯氧乙酸
	化肥	硝酸盐
	供用水添加剂	氟、氯、氯胺

4. 中国水质标准与典型国家水质标准的比较

与世界卫生组织（WHO）和美国饮用水水质标准比较，我国标准有几个方面严重欠缺：①方法学不完善。WHO 和美国均根据其需要规定了可接受污染物的危险度水平值。②缺少标准项目的筛选原则。每个国家的发展速度不同，在污染物种类和技术处理水平上有所差异，因此标准项目的筛选不能简单盲目追随发达国家标准。③标准限值更新不及时。美国和 WHO 的基准及标准限值跟随化学物质健康效应研究最新进展进行修订，我国目前的水质标准现状基本上等同于直接引用国内外相关基准及标准，更新缓慢。

我国的《生活饮用水卫生标准》GB 5749—2006 和美国 WELL 建筑标准共有 12 个指标限值保持一致，分别是浊度、总大肠菌群、铅、砷、铜、乙苯、草甘膦、硝酸铵、铝、氯化物、硫酸盐和铁；对于锑、汞、2,4-二氯苯氧乙酸和氟化物指标，我国标准限值比 WELL 建筑标准更为严格。但有些指标却要宽松很多，如：苯乙烯限值为 0.02mg/L，与 WHO 的《饮用水水质准则》限值一致，是 WELL 建筑标准的 40 倍；多氯联苯限值为 0.5mg/L，是 WELL 建筑标准的 100 倍。

4.3.7　几种典型生产用水评价指标及水质标准

1. 工业循环冷却水处理设计规范

《工业循环冷却水处理设计规范》GB/T 50050—2017 为推荐性国家标准，共涵盖了循环冷却水处理，旁流水处理，补充水处理，再生水处理，排水处理，药剂贮存和投加，以及监测、控制和检测七大部分，明确了不同循环冷却水系统水质标准与适用对象。不同循环冷却水系统水质指标不同（表 4-8）。

3 种循环冷却水系统水质指标　　　　　表 4-8

系统类型	水质指标
间冷开式系统	浊度、pH 值、钙硬度＋全碱度、总铁、Cu^{2+}、SO_4^{2-}、Cl^-、硅酸、Mg^{2+}、SiO_2、游离氯、氨氮、石油类、COD
直冷系统	pH、悬浮物、碳酸盐硬度、Cl^-、油类
闭式系统	总硬度、总铁、电导率、pH、含铜量、溶解氧

直冷系统与闭式系统根据其所用水的来源分别设置了各自的几个关键性指标，而再生水用于间冷开式循环冷却水系统补充水的水质标准共有 16 项，涵盖了感官指标、一般化学指标和微生物学指标，包括了 pH 值、悬浮物、浊度、BOD_5、COD、铁、锰、Cl^-、钙硬度、全碱度、氨氮、总磷、溶解性固体、游离氯、石油类和细菌总数。

2. 工业锅炉水质

《工业锅炉水质》GB/T 1576—2018 属于推荐性国家标准。该标准适用于额定出口蒸汽压力小于 3.8MPa、以水为介质的自然循环的蒸汽锅炉、贯流蒸汽锅炉、直流蒸汽锅炉、汽水两用锅炉和热水锅炉。它规定了不同工业锅炉在不同压力运行和不同补给水类型条件下的给水、锅水、蒸汽回水和补给水的水质要求（表 4-9）。

不同类型工业锅炉的给水、锅水、蒸汽回水和补给水的水质要求　　　　表 4-9

锅炉类型	水质指标
自然循环蒸汽锅炉和汽水两用锅炉水质*	浊度、硬度、pH 值、油、铁、电导率*、溶解氧*（给水） 全碱度、酚酞碱度、pH 值、电导率、溶解固形物、磷酸根、亚硫酸根*、相对碱度*（锅水）

锅炉类型	水质指标
贯流和直流蒸汽锅炉水质	浊度、硬度、pH 值、溶解氧、油、铁、全碱度、酚酞碱度、电导率、溶解固形物、磷酸根、亚硫酸根(给水) 全碱度、酚酞碱度、pH 值、电导率、溶解固形物、磷酸根、亚硫酸根(锅水)
蒸汽锅炉回水	硬度、铁、铜、油
热水锅炉水质	浊度、硬度、pH 值、溶解氧、油、铁(补给水) 酚酞碱度、pH 值、溶解氧、磷酸根、铁、油(锅水)

注：自然循环蒸汽锅炉和汽水两用锅炉水质包括了锅外水处理和锅内水处理，带 * 为锅外水处理特有的水质指标。

3. 火力发电机组及蒸汽动力设备水汽质量

《火力发电机组及蒸汽动力设备水汽质量》GB/T 12145—2016 属于推荐性国家标准。适用于锅炉主蒸汽压力小于 3.8MPa 的火力发电机组及蒸汽动力设备，涵盖了以下内容的质量标准：蒸汽、锅炉给水、凝结水、锅炉炉水、锅炉补给水、减温水、疏水和生产回水、闭式循环冷却水、热网补水、市内冷发电机的冷却水和停（备）用机组启动时水汽等。

该标准有一个特殊的水质指标，即氢电导率。氢电导率在热力系统水汽品质控制中有两个作用：一是可控制氨对水汽品质检测的影响。火力发电厂热力系统中为了防止金属腐蚀，普遍采用给水加氨处理。通过阳离子交换柱将铵根除去后，检测氢电导率就能准确反映水汽中阴离子的含量。二是氢电导率对水汽品质变化反应灵敏，可对水汽中阴离子进行监控。当水汽中阴离子如氯离子、硫酸根、乙酸根等含量变化时，氢电导率能迅速直接地反映出来。

4.3.8 城镇污水处理厂污染物排放标准

《城镇污水处理厂污染物排放标准》GB 18918—2002 聚焦于城镇污水处理厂，对其出水、无组织排放废气、污泥中污染物的控制项目和标准值做了规定。标准实行了分类和分级：污染物控制标准共有 62 项，分为基本控制项目和选择控制项目。基本控制项目包含 19 项，其中 12 项常规污染物可分为三级标准，再将一级标准细分为 A 标准和 B 标准。选择控制项目包含 43 项。城镇污水经过深度处理，达到一级 A 标准后，可作为一般回用水和城镇景观用水。此外，对排入不同水域的出水控制指标规定了相应的标准值，如出水达到一级 B 标准时，可排放至地表水Ⅲ类功能水域，海水Ⅱ类功能水域以及其他封闭或半封闭水域。表 4-10 统计了《城镇污水处理厂污染物排放标准》的分级、处理工艺与受纳水体功能的对应关系。

标准的分级、处理工艺与受纳水体功能的对应关系　　　　　表 4-10

项目	一级标准		二级标准	三级标准
	A 标准	B 标准		
处理工艺	深度处理	二级强化处理	常规二级处理	一级强化处理
受纳水体功能	资源化利用基本要求、景观用水	地表水Ⅲ类、海水Ⅱ类、湖、库等	地表水Ⅳ、Ⅴ类、海水Ⅲ、Ⅳ类水域	非重点流域、非水源保护区建制镇水体

4.3.9　城市再生水利用水质标准

污水再生利用是水资源可持续利用的重要环节。安全利用再生水离不开科学的再生水水质标准。城市再生水利用水质标准体系共包含 7 个水质标准，涵盖城市杂用水、景观环境用水、工业用水、地下水灌溉、绿地灌溉以及农田灌溉。标准主要涵盖的内容：水质控制项目、指标限值、利用方式、取样、监测分析方法及频率规定等。城市污水再生利用水质标准适用范围如表 4-11 所示。

城市污水再生利用水质标准适用范围　　　　　　　　　表 4-11

再生水水质标准	适用范围
《城市污水再生利用　分类》GB/T 18919—2002	适用于水资源利用的规划,城市污水再生利用工程设计和管理,为制定城市污水再生利用各类水质标准提供依据
《城市污水再生利用　城市杂用水水质》GB/T 18920—2020	适用于厕所便器冲洗、道路清扫、消防、城市绿化、车辆冲洗、建筑施工杂用水
《城市污水再生利用　景观环境用水水质》GB/T 18921—2019	适用于观赏性景观环境用水和娱乐性景观环境用水
《城市污水再生利用　地下水回灌水质》GB/T 19772—2005	适用于以城市污水再生水为水源,在各级地下水饮用水水源保护区外,以非饮用水为目的,采用地表回灌和井灌的方式进行地下水回灌
《城市污水再生利用　工业用水水质》GB/T 19923—2005	适用于以城市污水再生水为水源,作为工业冷却用水、洗涤用水、锅炉用水、工艺用水、产品用水等用水水质控制标准
《城市污水再生利用　绿地灌溉水质》GB/T 25499—2010	适用于以城市污水再生水为水源,用于城市绿地的灌溉,绿地包括限制性绿地和非限制性绿地
《城市污水再生利用　农田灌溉水水质》GB 20922—2007	适用于以城市污水处理厂出水为水源的农业灌溉用水

4.4　关键技术

4.4.1　水源安全保障技术

通过饮用水水源地的保护、修复及水资源的合理配置,用水源安全保障技术,促使城市饮用水水源水量充足、水质优良、水源地水生态系统良性循环,为促进城市经济社会可持续发展和构建社会主义生态文明提供支撑。目前水源安全保障技术主要有城市生态廊道技术、水源地水污染预警与应急技术、水源地水环境健康风险评价技术、水源保护区划分技术、湖泊富营养化控制与治理技术等。

1. 城市生态廊道技术

城市生态廊道是以道路、河流为依托,具有生态服务、地域文化展示以及休闲康体等功能的带状廊道类型。它强调自然过程和特点，并紧密结合城市的公园、街头绿地、庭园、苗圃、自然保护地、农地、河流、滨水绿带和山地等，构成一个自然、多样、高效，有一定自我维持能力的动态绿廊结构体系，促进城市与自然的协调。

生态廊道具有保护生物多样性、过滤污染物、防止水土流失、防风固沙、调控洪水等作用，在城市生态建设过程中应用广泛。比如，美国波士顿大都市公园沿着波士顿淤积河泥的排放区域构建了完整的绿色生态廊道。在形式、文化和生态保护等方面都充分展现出了良好的连通性（图 4-3）。

图 4-3　波士顿大都市公园

2. 水源地水污染预警与应急技术

水源地水污染预警与应急体系主要包括：水源地环境监控体系、水源地水污染预警系统、水源地水污染事故应急系统。各部分的功能和特点如下：

（1）环境监控体系是水源地水污染预警与应急技术的基础，其功能是提供和管理水源地监测网络内的常规监测数据，以实现有效监控、识别潜在危险、指导合理开发、及时减少和避免危害发生。

（2）预警系统是水源地污染预警与应急技术中的关键支撑环节，其依据监控体系工作成果，实现水质变化趋势预测、预警级别评估、预报发布等功能，为应急体系直接提供支持。

（3）应急系统是水源地污染预警与应急技术中的核心。其功能是在监控、预警的基础上，完成对突发性事件的快速、有效响应，按照应急预案或方案及时合理组织实施相关措施，从而减少事件对水源地的环境危害。

水源地水污染预警与应急是饮用水水源地环境保护的重要内容，用以有效防止危害饮用水源安全的重大问题发生、减缓和避免水污染事故对饮用水水源地的影响。引汉济渭工程面对突发水污染事故运用了预警技术，得到突发水污染事故后污染带的时空分布情况，预测取水口的应急时间，并提出相应的应急调控方案，为引汉济渭工程的水质安全提供强有力的技术支持。

3. 水源地水环境健康风险评价技术

环境健康风险评价是环境科学的一个新兴研究领域。它以风险度作为评价指标，把环境污染与人体健康联系起来，定量描述人在污染环境中暴露时受到危害的风险。水源地水环境健康风险评价技术用于对大气、土壤、水和食物链 4 种介质携带的污染物通过饮食、呼吸和皮肤接触 3 种途径进入人体，对人体健康产生危害进行评价。

把水环境健康风险评价列入常规的环境评价工作中，结合常规水质指标与标准方法，更加科学客观且比较全面地掌握饮用水的水环境质量，有助于加强水源地健康风险管理。但对于饮用水而言，即使污染物的浓度很低，健康风险很小，但长期的低剂量暴露仍然可能对人体健康造成严重伤害。因此，可以通过水源地水环境健康风险评价技术，找出水体中污染物存在的潜在风险，掌握水库的水质状况，明确威胁人体健康的污染因子的污染程度等。

4. 水源保护区划分技术

饮用水水源保护区一般划分为一级保护区和二级保护区，必要时可增设准保护区。各区一般是以取水口为中心向外展开呈环带状或半环带状的区域。饮用水水源保护区标志见图 4-4。《地表水环境质量标准》GB 3838—2002 中要求把饮用水水源地作为优先保护的对象，在保证饮用水保护区生态功能区安全的前提下，兼顾其他区域的功能。水源保护区划分原则为：

图 4-4 饮用水水源保护区标志

（1）确定饮用水水源保护区划分应考虑以下因素：水源地的地理位置、水文、气象、地质特征、水动力特性、水域污染类型、污染特征、污染源分布、排水区分布、水源地规模、水量需求、航运资源和需求、社会经济发展规模和环境管理水平等。

（2）地表水饮用水水源保护区范围：应按照不同水域特点进行水质定量预测，并考虑当地具体条件，保证在规划设计的水文条件、污染负荷以及供水量时，保护区的水质能满足相应的标准。

（3）地下水饮用水水源保护区范围：根据当地的水文地质条件、供水量、开采方式和污染源分布确定，并保证开采规划水量时能达到所要求的水质标准。

（4）划定的饮用水水源一级保护区，应防止水源地附近人类活动对水源的直接污染；划定的饮用水水源二级保护区，应足以使所选定的主要污染物在向取水点（或开采井、井群）输移（或运移）过程中，衰减到所期望的浓度水平。在正常情况下可保证取水水质达到规定要求；一旦出现污染水源的突发事件，有采取紧急补救措施的时间和缓冲地带。

（5）划定的水源保护区范围，应以确保饮用水水源水质不受污染为前提，以便于实施环境管理为原则。

5. 湖泊富营养化控制与治理技术

对湖泊富营养化治理的技术难点在于水中营养物质的去除及水生态系统的恢复。最常见的是物理、化学及生物法抑藻技术。物理抑藻法主要有过滤法、遮光法、沉淀法以及紫外线法。这种技术虽然见效快，但不能根治富营养化的问题，并且耗费时间长、费用高、难以大规模实施。目前发展起来的新型环境技术——超声波技术，是利用超声波的空化效应抑制自然水体中藻类的生长，能实施自动化操作，具有处理简单、反应速度快的优点。化学抑藻法是直接将杀藻剂投入到水体中杀死水中的藻类生物，具有工艺简单、操作方便的特点，能有效地抑制藻类的生长。常用的杀藻剂有 $CuSO_4$、H_2O_2、O_3、液氯以及高锰酸盐等。另外，还有生物抑藻技术，包括微生物抑藻技术、植物化感抑藻技术、生物滤食技术以及基因工程抑藻技术。但是，目前生物抑藻技术还处于研究发展阶段，它主要是通过藻类的天敌及其生长抑制物来抑制藻类的生长和繁殖，减少藻类数量，以避免富营养化造成各种危害。从安全、可持续要求出发，生态修复技术是最好的选择，是目前国内外的研究重心。

4.4.2 长距离输配水保障技术

我国水资源地区分配不均匀，难以满足部分地区日益增长的经济发展需求，采用长距离输配水技术，增加缺水地区水资源承载能力，提高水资源的配置效率。保障输配水系统运行安全、水质稳定是长距离输配水的基本要求。主要的保障技术包括管线水锤防护技术、水质稳定技术、给水管网水质化学稳定性判定及控制技术。

1. 管线水锤防护技术

在输水工程中，较平坦的大管径输水管道的设计运行压力较小。在正常运行或是由于突然停泵等都易发生断流弥合水锤。管道稳压排气是大管径平坦管道水锤防护的重点，并结合调压塔、泄压阀等措施，就可以有效防止水锤事故发生。国内常用的防护技术是直动式超压泄压阀和先导式安全泄压阀。

直动式超压泄压阀具有良好的稳压作用、防止管道产生负压、吸纳压力波等性能特点。如果管道中产生断流弥合水锤，直动式超压泄压阀可迅速开启并泄压，且稳压范围和压力释放值并非固定不变，可以进行调节，保证管道的安全运行。

先导式安全泄压阀主要优点是变弹簧直接作用为导阀间接作用，提高了动作的灵敏度。主阀采用套筒活塞式，双重密封阀座结构，具有动作精度高、重复性好、回座快、不泄漏、能高压排放、工作寿命长、工作稳定可靠的优点，还可在线调校，反复启跳排放后，仍然能自动回座，关闭严密，操作维护方便。

2. 水质稳定技术

水在长距离长时间输配过程中会引起输水管道和设备腐蚀、结垢（图 4-5），或产生生物污垢，使设备损坏，管道阻力增加直至堵塞。因此，有时需要在生活生产用水中加入缓蚀剂、阻垢剂、杀菌杀藻剂等水质稳定剂，并采取一系列监控手段使之既不腐蚀又不结垢，这种技术通常称为水质稳定技术。其中，给水管网水质化学稳定性及控制技术是水质稳定技术的关键环节。

给水管网的水质化学稳定性是指水在管道输送过程中既不结垢又不腐蚀管道，在水行业中常被定义为既不溶解又不沉积碳酸钙。因此，给水管网水质的化学稳定性判别指标分为两大类：一类主要是基于碳酸钙溶解平衡的指数；另一类则是基于其他水质参数的指数。

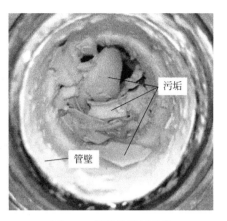

图 4-5　管道的结垢现象

基于碳酸钙溶解平衡的稳定性指数很多。最早应用的是 Langelier 饱和指数。但 Langelier 饱和指数有两个弊端，一是对两个同样的 LSI 值不能进行水质化学稳定性的比较，二是当 LSI 值在零附近时，容易得出与实际相反的结论。Ryznar 针对这些弊端，在大量实验的基础上提出了 Ryznar 稳定指数 IR。其他稳定性指数主要有：Riddick 腐蚀指数，考虑了水中硬度、碱度、硝酸盐、溶解氧、氯离子、二氧化硅等影响因素；Yahalom 指数，考虑了氯离子和硫酸盐对水质化学稳定性的影响。

以上指标说明管网水质稳定性的好坏是由多种因素决定。对于当前的供水管网来说，控制水质稳定性只是一种手段，而真正的目的是减缓腐蚀和阻止结垢。水质稳定技术可以使循环水系统正常运行，消除腐蚀、结垢、菌藻三大弊病，提高水质稳定性和延长设备管网寿命。

4.4.3　水质健康关键技术

随着人们对健康水质量的标准提高，当前我国大部分饮用水水源污染形势严峻。溶解性有机物和氨氮等微污染程度加深，现有的常规处理工艺（混凝——沉淀——过滤——消毒）对微污染物的去除效果不佳。水源的微污染加大了水源选择和处理的困难。根据水源水质的不同以及不同用水水质健康的要求，目前保障水质健康的处理技术主要有：给水预处理技术、强化常规处理技术、深度处理技术。

1. 给水预处理技术

（1）生物预处理技术

生物预处理是指在常规净水工艺前，增设生物处理工艺，借助于微生物的新陈代谢活动，诸如氧化、吸附、生物絮凝等作用，对水中的有机污染物、氨氮、亚硝酸盐氮及铁、锰等无机污染物进行初步处理。其中生物预处理设备如图 4-6 所示。常见的生物预处理方法有：生物滤池、生物接触氧化池、生物流化床、生物转盘和生物活性炭滤池。

生物预处理技术对水量、水质、水温变动适应性强；具有良好硝化功能、处理效率

图 4-6　生物预处理设备

高、耐冲击负荷性能好、占地面积少、动力费用省、便于运行管理等优点。比如，广东工业大学李冬梅等人采用连续曝气，气水比为 0.5：1，进水氨氮含量为 1.5～2.5mg/L、浊度为 15～20NTU 时，对微污染水源进行生物预处理，对氨氮的平均去除率达到 75%。

（2）臭氧预氧化技术

臭氧预氧化技术可以去除水中的无机污染物、有机污染物与藻类，能够改善感官指标、助凝、对致病微生物的灭活，以及控制消毒副产物的形成等；臭氧的氧化能力强，可有效地破坏发色团；在氧化过程中完全还原成氧气，不会增加水的颜色，不会造成二次污染。

一般工业污水处理中，臭氧作用于水中污染物的途径有两种：一种是臭氧分子和水中的污染物直接作用，即臭氧分子和水中含有不饱和键的有机污染物或金属离子作用；另一种是臭氧部分氧化产生羟基自由基和水中有机物作用。臭氧预氧化工艺流程如图 4-7 所示。

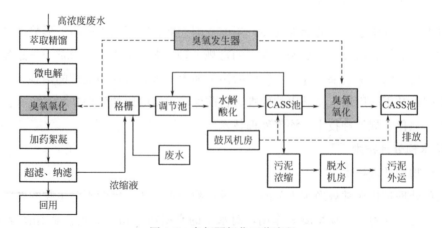

图 4-7　臭氧预氧化工艺流程

但臭氧氧化过程中可能会生成有毒性的醛类和溴酸盐等副产物，如何检测及有效控制这些副产物的生成仍需进一步研究。

（3）臭氧-生物活性炭技术

将臭氧氧化、臭氧灭菌消毒、活性炭物理化学吸附、生物吸附降解4种技术合为一体的技术即为臭氧-生物活性炭技术。利用臭氧预氧化作用，初步氧化分解水中的一部分简单的有机物及其他还原性物质，使之变为二氧化碳和水，同时使水中难以生物降解的有机物断链、开环，氧化成短链的小分子有机物，使其更容易被活性炭吸附并被附着在活性炭上的细菌降解，提高处理水的可生化性。臭氧氧化能改变有机物分子的基团，强化活性炭的吸附效能。此外，臭氧氧化后生成的氧气能在处理水中起充氧作用，补充水中溶解氧的消耗，为附着于活性炭上的好氧菌和硝化菌提供营养源，使好氧微生物活动增强，加快生物氧化和硝化作用，延长活性炭的使用寿命，提高有机物的去除效果。张晓娜等人通过臭氧预氧化，将大分子有机物分解为羧酸、醛和酮类等小分子有机物，改善了后续生物活性炭的降解效果。臭氧-生物活性炭工艺对 COD_{Mn} 去除率达 61%。但是，生物活性炭法一般采用自然挂膜方式，时间较长且对进水 pH 值有所限制，活性炭微孔极易被阻塞，导致其吸附能力下降。在长期高浊度输配水情况下，会造成活性炭使用周期缩短。

2. 强化常规处理技术

（1）强化混凝技术

强化混凝是在常规混凝工艺的基础上，在保证浊度去除效果的前提下，通过增加混凝剂的投加量和调整 pH 值等方法，提高常规工艺中对有机物的去除率，最大限度去除消毒副产物的前驱物质（DBPFP）。强化混凝/絮凝主要作用机理为压缩双电层、电中和、吸附架桥和网捕卷扫。

通过加强混凝，可去除的有机物相对分子质量范围从 1 万以上扩展到 3000，甚至更低。强化混凝在造纸废水处理中的应用较多，特别是在化工废水和造纸废水的预处理，处理效率高，出水稳定；但强化混凝用于微污染地表水处理，尤其是低分子有机物的去除，效果不理想。强化混凝技术对导致水体富营养化元素之一的总磷的去除率能达到 90% 以上，可有效防治水体富营养化，具有广阔的应用前景。

（2）强化过滤技术

强化过滤技术的主要措施有：①投加助滤剂，有效阻止细小颗粒或者由于滤速突然改变而引起的悬浮颗粒穿透滤层；②改进滤池反冲洗工艺，选择合适的冲洗方法和冲洗强度，确保反冲洗既能有效地冲去积泥，又能保存滤料表面的生物膜；③变革滤料，新研发多功能活性滤料，如生物滤料、改性滤料、天然活性载体（如沸石、陶粒等）和颗粒活性炭等。

强化过滤的关键是滤料。传统石英砂或者沸石滤料对微污染物颗粒的过滤效果不理想。采用活性炭或者陶粒代替传统滤料强化过滤，能使效果得到明显改善。据报道，采用由惰性和活性滤料（由极性和非极性滤料）复合构成的新型生物活性滤料进行过滤试验，对水中氨氮的去除率达 90% 以上，Ames 试验致突变性降低约 1/3。还可以根据原水水质的情况和过滤需求对滤料表面改性，即在传统滤料表面通过化学反应附加一层改性剂（活性氧化剂），提高滤料对某些特殊物质的吸附与截污能力，改善出水水质，实现滤料对水中有机物的氧化、吸附而净化的作用。新型滤料载体如图 4-8～图 4-10 所示。李冬梅等用无机金属纳米氧化铁对传统石英砂改性，获得纳米氧化铁改性石英砂（图 4-8）。用氧化石墨烯（GO）与 $FeCl_3$ 对天然沸石滤料（图 4-9）改性，获得的 GO-$FeCl_3$ 复合改性沸石（图 4-10）比表面积约为改性前天然沸石的 3 倍，表面带有来自 GO 的羟基、羧基等亲水性官能团。这种改性沸石滤料对腐殖酸 HA 的去除率高达 97%，而天然沸石仅为 16.2%。

图 4-8　纳米氧化铁改性石英砂的 SEM 照片

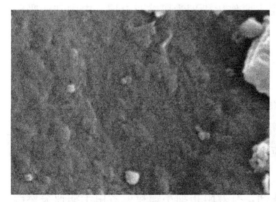

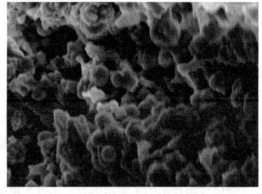

图 4-9　天然沸石的 SEM 照片　　　图 4-10　氧化石墨烯与 $FeCl_3$ 改性沸石的 SEM 照片

（3）紫外线消毒技术

紫外线消毒主要是通过对微生物（细菌、病毒、芽孢等病原体）的辐射损伤和破坏核酸、蛋白质的功能使微生物致死，达到消毒的目的。紫外线对核酸的作用可导致核酸分子键和链的断裂、股间交联和形成光化产物等，改变 DNA 的生物活性，使微生物自身不能复制。与传统消毒药剂液氯比较，紫外线消毒不会产生 THMs 类消毒副产物、杀菌作用快、杀菌广谱、无臭味、无噪声、不影响水的口感，同时，操作容易、管理简单、无化学残留，但没有持续的消毒作用。

紫外线属于广谱杀菌类，能杀死一切微生物，包括细菌、结核菌、病毒、芽孢和真菌。对城镇污水消毒，细菌总量降至 200 个/100mL 以下，大肠杆菌 20 个/100mL 以下。对饮用水终端加用紫外线消毒，可直接达到饮用水的标准。对游泳池水进行消毒处理时，水中加氯含量可降至 0.5mg/L，对病毒、细菌去除率达到 99.99% 以上。

3. 深度处理技术

（1）活性炭吸附技术

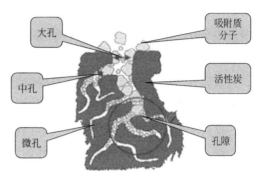

活性炭具有发达的孔隙结构，主要由大孔、中孔和微孔组成。根据国际应用化学联合会（IUPAC）分类：孔径大于 50nm 为大孔，2～50nm 为中孔，小于 2nm 为微孔。活性炭优越的吸附性能使其在水处理领域中得到了广泛的应用。活性炭孔结构如图 4-11 所示。

图 4-11　活性炭孔结构图

活性炭的吸附作用属于物理吸附，另外也与其表面的化学结构有关。因为有发达的孔隙和大的比表面积，能够最大限度地吸附一些环境中的污染物到孔隙中。比表面积越大、孔隙结构越发达，其吸附能力就越强。

但活性炭生产成本高、吸附选择性差、吸附容量小、易饱和、需不断再生等，尤其是粉末活性炭，由于其粒径小、密度小，再生难度大，在水处理领域几乎都是一次性使用，而且吸附饱和后的活性炭处理处置成本高，如不妥善处理，会对环境造成二次污染。

（2）膜分离技术

膜分离技术是在 20 世纪 60 年代后迅速崛起的一门分离新技术，兼有分离、浓缩、纯化和精制的功能，又有高效、节能、环保、分子级过滤等特征。膜分离技术，是依靠膜的选择透过性，在一定推动力（压力梯度、温度梯度、浓度梯度、电位梯度）作用下，使混合液中的一种或多种组分被膜截留。对混合液中不同组分进行分离和浓缩，是当下水处理领域的核心技术。

不同种类的膜所适用的污染物有明显差异，见表 4-12。

膜分离技术分类及应用　　　　　　　　　　　　　　　　表 4-12

膜种类	膜孔径（μm）	操作压力范围	主要处理对象
微滤（MF）	0.1～10	50～100kPa	悬浮物、细菌
超滤（UF）	0.01～0.1	100～1000kPa	微生物、胶体
纳滤（NF）	0.001～0.01	0.1～2.0MPa	小分子有机物、无机盐
反渗透（RO）	0.0001～0.001	0.1～10MPa	海水、苦咸水

由表 4-12 可知，反渗透膜几乎能截留水体中的所有杂质，但操作压力大，运行成本较高；纳滤膜的处理能力在反渗透和超滤之间，主要用于去除硬度和有机物，对无机盐离

子有选择性截留的作用，操作压力低于反渗透。在过滤小分子污染物时，反渗透膜的运行压力是纳滤膜的2～5倍。在饮用水处理中主要还是通过微滤和超滤，其中微滤能去除水中大部分的病原微生物，而超滤膜具有更小的孔径，出水水质更优，应用更加广泛。

与传统水处理工艺比较，膜分离技术具有显著的优点：膜分离过程无须投加化学药剂，是一种纯物理过程；膜分离装置简单，占用空间小，容易操作，分离效率高；处理设备易于集成化，分离域广；对共沸物和近沸点物系等特殊溶液体系的分离效果显著。但是，膜分离技术也有明显的缺点：成本高、通量较低、压差能耗较高、膜组件容易受到污染，以及膜污染带来的膜阻塞与运行压力增大等问题。

在水处理领域中，众多研究者与使用膜的企业，为延长膜处理周期、增加膜通量、缓解膜污染、实现膜系统长期稳定运行，以保证出水水质的健康，通常采用以下两种方式：一是在膜分离前增加常规处理作为前处理环节。如Zhao等人使用混凝作为平板陶瓷膜处理生活污水，污水中磷和化学需氧量的去除率分别为99%和90%，出水COD小于25.0mg/L。二是对膜表面性能改性应用于地表水与地下水、城市污废水再生回用、工业废水处理等方面。这两方面的应用研究效果显著。如广东工业大学膜分离课题组将氧化石墨烯（GO）和二氧化钛（TiO_2）复合改性生成中空纤维超滤膜（图4-12）用于处理广东某地表水水源中的氨氮，去除率高达99.2%，出水菌落总数均为0，大肠杆菌未检出；将氧化石墨烯（GO）和氮化碳（C_3N_4）改性平板超滤膜（图4-13）联合O_3-BAC处理城市污水处理厂二级出水，出水水质满足城市景观用水、城市杂用水等多种再生水回用标准。

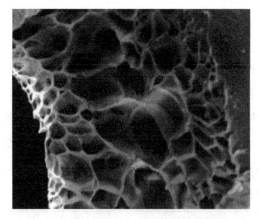
图4-12 GO-TiO_2改性中空纤维膜的形态结构

图4-13 GO-C_3N_4改性平板膜的形态结构

（3）光催化氧化技术

光催化氧化技术（Photocatalytic Oxidation Technology），是一种从紫外线光氧化技术（Ultraviolet Light Oxidation）发展而来的高级氧化技术。而在光氧化反应中加入光催化剂，则可以大幅度提高光催化能量利用效率。通过对各种光催化剂的研发，不仅提高了光催化剂的性能，而且拓宽了光催化剂对光响应的宽度，光源从紫外光拓展到可见光的范围。具有可见光响应的光催化剂可以直接利用太阳作为光源，对清洁能源的利用极大地降低了处理成本。

光催化氧化技术的实质就是半导体光催化剂在光激发作用下发生氧化还原反应。光催化氧化机理可以利用半导体光催化剂材料的能带结构进行解释（图 4-14）。

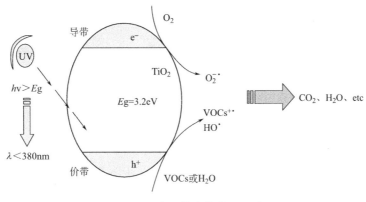

图 4-14　半导体光催化原理图

以 TiO_2 为例，当具有带隙以上能量的光照射时，价带上的电子受到激发越过禁带进入导带，在价带上形成空穴（h^+），导带中有光生电子（e^-）。产生的电子和空穴在电场作用下发生迁移，一部分会在迁移过程复合产生热量，另一部分迁移至半导体表面，与吸附在表面的物质发生氧化还原反应。光生空穴具有强氧化性，它可以和水或氢氧根发生反应生成羟基自由基（·OH），甚至直接使有机物分解；电子具有强还原性，它与氧气反应生成超氧自由基（·O_2^-）。这些活性物质（h^+、·OH、·O_2^-）有很强的化学活性，构成氧化还原体系，在光催化过程中发挥重要作用。

光催化剂是光催化技术的核心。按照对光响应的不同将光催化剂分为两类：紫外光响应光催化剂和可见光响应光催化剂。紫外光催化剂大多数带隙较宽、在紫外光区显示催化活性，如 TiO_2 纳米光催化剂在紫外光的作用下，将有机物、病毒、细菌、藻类等彻底分解成 CO_2 和水等无害物质。可见光响应光催化剂，如石墨相氮化碳（g-C_3N_4）、改性 TiO_2、金属掺杂光催化剂、复合光催化剂等。

可见光响应光催化剂是目前研究的热点。为了提高太阳能的利用率，通常采用以下几种方法提高可见光响应活性：对传统的光催化剂进行改性，增强其可见光催化活性；制备复合型光催化剂，将两种或者两种以上材料复合以形成具有可见光响应的催化剂；开发能直接吸收可见光的新型光催化剂等。

在众多光催化剂中，石墨相氮化碳（g-C_3N_4）因其具有可见光响应特性、制备简单、原材料价格低廉等优点，受到研究者的青睐。但是，传统可见光催化剂 g-C_3N_4 带隙较窄（2.7eV），可见光吸收利用率仍然较低。因此，为了克服光催化剂的可见光响应局限性，更加有效地利用太阳光，寻求带隙更窄的光催化剂或与其他材料构成异质结成为对光催化剂改性的主要研究方向。

在掺杂改性传统光催化剂方面，黄俊等对二氧化钛（TiO₂）进行氮掺杂并与还原氧化石墨烯（RGO）复合，获得可见光响应氮掺杂 TiO₂/RGO 复合光催化剂。该种光催化剂对工业废水中难降解有机物罗丹明 B（RhB）和诺氟沙星（NOR）的降解率分别可达 99.4% 和 93.6%。陈林等人制备出铈（Ce）掺杂纳米氧化锌（ZnO）可见光催化剂，对甲基橙的可见光降解率高达 90.7%。

在复合改性光催化剂方面，李冬梅、卢文聪等通过常温沉淀法制备较高可见光催化活性的 $Bi_5O_7I/g-C_3N_4$ 纳米异质结复合光催化剂，对罗丹明 B 的可见光催化降解率为 93.9%，对四环素的降解效率可达 83.35%。Yang 等通过水热法合成 BiOI/ZnO/RGO 复合材料，在可见光照射下表现出比纯 BiOI 更强的催化作用，对工业废水中 Cr^{6+} 的还原率达到 92%。

在铋系光催化剂方面，李冬梅、梁奕聪等采用一步溶剂热法，以柠檬酸（CA）作为还原剂，得到铋（Bi）金属修饰的 $BiOBr/g-C_3N_4$ 复合纳米光催化剂。在可见光条件下，该复合光催化剂对 RhB 的降解率高达 99.8%，对难降解抗生素环丙沙星（CIP）的光催化降解率能达到 95.8%。

（4）电催化氧化技术

电催化氧化是众多高级氧化方式中的一种，它是通过外加电场的作用氧化有机污染物的技术。根据氧化反应发生位置的不同，传统电化学氧化分为阳极氧化和阴极氧化两种。阳极氧化过程主要发生在体系的阳极，分为直接氧化和间接氧化（图 4-15）。其中直接氧化是通过电子转移过程降解污染物，而间接氧化则是通过阳极产生的（·OH）降解污染物。而阴极氧化主要是利用阳极产生的氧气在阴极生成 H_2O_2，H_2O_2 又在阴极得到电子被激发生成（·OH）。通过电催化氧化体系中产生的（·OH）与臭氧直接氧化相比，羟基自由基的反应速率高出了 10^5 倍，不存在选择性，可与几乎所有的有机物进行反应。

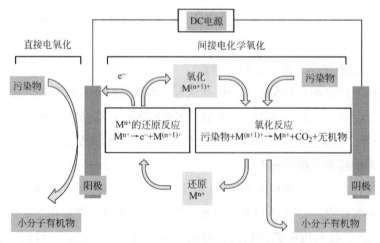

图 4-15　直接和间接电化学氧化反应原理图

电催化氧化技术具有显著的优点：①产生的具有强氧化性的活性基团可以与多种污染物质发生反应，提高可生化性或去除污染物。电解过程除了降解有机污染物质，回收有价值的化学品和金属外，反应过程中产生的气泡还可以起到气浮的作用，进一步去除有机污染物质。②电催化过程中很少产生二次污染，并且其反应条件温和、可控性强。③节能省时，占地面积小，药剂投加量少（对过氧化氢利用率大于90%）。

电化学氧化在染料废水、含酚废水等难降解有机废水方面有较好地处理效果。广东工业大学李冬梅课题组采用 E-Mn^{2+}-PDS 协同体系以及钴介体电催化［MEO/Co（Ⅱ）］与 PO_4^{3-} 协同作用体系，分别对 AB80 与亚甲基蓝（MB）废水进行电催化降解实验，结果表明，两种体系对 AB80 与 MB 的降解率均高达100%。孙南南等以 RuO_2-IrO_2-SnO_2/Ti 为阳极，在最佳实验条件反应 120min 后溶液中苯酚的去除率高达98.4%。

同时电催化氧化技术具有明显的缺点：电催化氧化整个过程中都伴随着很强的副反应，导致电能的利用效率很低。同时，电化学过程中（·OH）的产率极低，导致氧化能力较弱，往往无法实现污染物的完全矿化，造成较严重的二次污染。

（5）离子交换技术

离子交换是指水通过离子交换柱时，水中的阳离子和水中的阴离子与交换柱中的阳树脂的 H^+ 离子和阴树脂的 OH^- 离子进行交换，从而达到脱盐的目的。离子交换膜是一种具有选择透过性的高分子功能膜，包括三个基本组成部分，即高分子骨架、活性功能基团以及基团上的可移动离子。离子交换膜根据结构不同可以分为异相膜和均相膜。

离子交换技术是以圆球形树脂（离子交换树脂）过滤原水，水中的离子会与固定在树脂上的离子交换。常见的两种离子交换方法分别是硬水软化和去离子法。离子交换树脂利用氢离子交换阳离子，而以氢氧根离子交换阴离子；以包含磺酸根的苯乙烯和二乙烯苯制成的阳离子交换树脂会以氢离子交换碰到的各种阳离子（如 Na^+、Ca^{2+}、Al^{3+}）。同样的，以包含季铵盐的苯乙烯制成的阴离子交换树脂会以氢氧根离子交换碰到的各种阴离子（如 Cl^-）。从阳离子交换树脂释出的氢离子与从阴离子交换树脂释出的氢氧根离子相结合后生成纯水。

离子交换技术主要应用于水处理（水的软化、水的脱盐、冷凝水和超纯水的制备）、生化提取（天然生物物质的分离回收、发酵产物的分离回收、制药工业的应用）、三废处理（含放射性核素废水的处理、其他工业有害废水废气的处理）、湿法冶金等，处理效果显著。

4.4.4　分质供水技术

分质供水指的是在商业住宅、工业企业、政府学校等用水单位内，除了敷设自来水管外，再增加一套高于国家饮用水标准的直饮水系统，或低于国家饮用水标准的中水系统，或满足工业企业等大量用水的低品质或特殊水质要求的供水方式。分质供水技术主要包括：管道直饮水技术、城镇分质供水技术、工业分质供水技术等。

1. 管道直饮水技术

管道直饮水全称是管道优质直接饮用水，以分质供水的方式在居住小区（园区、写字楼）等用水单元内设置中央净水站，并采用现代高科技生化和物化技术进行自来水深度净化处理，去除水中的有机污染物、细菌、病毒等，保留对人身体健康有益处的微量元素和矿物质。通过构建独立的循环式管网，采用优质管材，使得净化后的水源被有序稳定地送到用户端，用户打开水龙头便能直接饮用。

管道直饮水系统集中化配置，自动化程度高，可实现供水及回水水质的在线监测，水质异常可自动报警停机，同时还有第三方检测机构定期检验和不定期抽检，水质有保障。因为原水水质的差别，如南北方水的硬度不同，管道直饮水系统采取的处理工艺不同，采取的管材管件及后期运营管理都将影响到出水水质。

管道直饮水系统的核心由四大部分组成：优质饮用水设备、变频恒压供水设备、供水管网和管网水循环杀菌设备。优质饮用水设备是自来水深度净化处理的核心装置，通常采用微滤、超滤、纳滤及反渗透过滤技术生产优质饮用水。尤其是纳滤膜，既能有效去除原水中的有害物质，又能部分脱盐、去硬度、适量保留原水中的部分矿物质；采用全自动恒压变频供水装置，卫生、安全、可靠，避免二次污染，且设备占地小、性能稳定、能耗低。分质供水管网为系统调试和管网维护提供了必要的条件。分质供水管网要使净水循环流畅，尽可能不存在死角，否则极易造成管网二次污染、滋生细菌。

2. 城镇分质供水技术

城镇分质供水是对整个城市或者整片供水区域实行"双管道"或"多管道"的分质供水。主要存在两种形式：一种是城市主体供水系统只提供经过深度处理的优质水，供给市民饮用和洗浴等与生活密切相关的高品质生活用水，另设非饮用水管网供应系统，将低品质水、回用水或经过处理的海水、雨水等再生水作为绿化、洗车、冲厕、喷洒道路以及工业用水等用途的非饮用水使用；另一种是将直接饮用水同其他类别的用水分开，经过深度处理后，达到直饮水标准，另设优质管网供应，直通至每个家庭用户，可供用户直接饮用。

城镇分质供水的优势在于将直饮水另设管网供应的模式，不仅能全面提升整个区域内的居民饮用水水质，同时能优化配置水资源。然而城镇分质供水是一项规模庞大的系统工程，需要在原有的供水管网基础上再增设一套新的供水管网，投资高、工程量大，涉及城市规划、市政建设、环境、物业管理等多个领域。由于通常直接供居民喝的水仅占到总用水量的3%~5%，仅对于这一部分水另设管网供应，只有供水能力达到一定规模时，分质供水才具有经济性。

城镇分质供水系统主要由供水系统、用水系统、排水系统、处理及回用系统四大部分组成。城镇分质供水系统基本结构如图4-16所示。以系统的功能来看，按不同水质、水量需求提供安全用水是城镇分质供水系统的基本目标。因此，水资源供需平衡依然是城镇分质供水系统的主要矛盾，是供水系统和用水系统分析的重点。

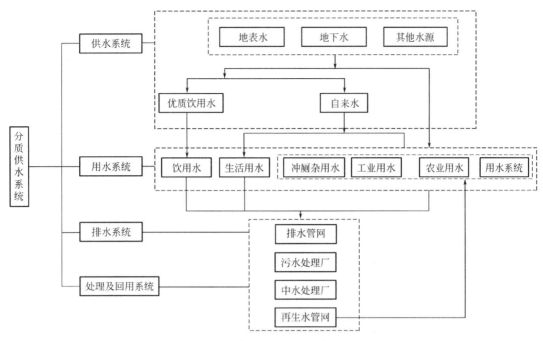

图 4-16　分质供水系统基本结构图

推行城镇分质供水目前还存在较多困难：①资金来源问题，分质供水意味着城市供水管网和居民家庭自来水管线的改造，成本很大；②水价限定问题，现在一些分质供水试点地区，饮用净水卖到 250～300 元/t，这个价格难以持续进行；③水质标准问题，需逐渐规范与完善水质标准，采取一些有效的监督控制手段，制定维护这一市场环境的措施。

我国已有城市分质供水的成功案例值得借鉴。辽宁省营口市早在十几年前就超前谋划，实施辽河水源工程和实行分质供水，即将经过深度处理的大辽河水作为非饮用水源，广泛应用于城市基建、园林绿化、消防、工业及居民洁具等方面。1991 年开始实施辽河水源工程，设计能力为日产水 6 万 m^3，于 1994 年建成并实现分质供水。十几年来，营口市建设非饮用水工程总投资达 2.82 亿元，配水管线投资 1 亿元。营口市已有 113 个小区 4.5 万户居民、3500 多户工矿企事业单位使用非饮用水。尤其是全市新建住宅小区、商业饮服行业、工业企业、学校机关团体及基建工程都实行了饮用水和非饮用水双线供应，每年用非饮用水代替饮用水可达 830 多万吨。其中基建、工业、居民洁具用水分别占非饮用水总量的 37%、26% 和 27%，其他方面用水则占总量的 10%。目前，营口市分质供水的实行使营口市既节约和合理利用水资源，又提高了全民节约用水的意识。

3. 工业分质供水技术

工业分质供水技术是指城市主体供水系统提供经过深度处理的高质量的优质水，供市民饮用和洗浴服务；将低品质水（以城市污水为主，包括分散的小水库水、境内受污染河流水）作为第二水源，经深度处理达到一定的水质标准，供较为集中的大工业区使用。

针对商业区和工业区的工业分质供水，以现有的城市供水管网作为主体，另增设一套供水管网供应商业区或工业区中水质要求比较低的部分用水，如市政、环境、景观、娱乐用水和工业用水。工业区的分质供水在国内起步较早，无论从投资成本还是工程量上来说，都比城镇分质供水少，更易普及推广。工业分质供水可以提高工业用水的利用率，降低污水排放量，缓解当地水资源的污染状况，由于分质供水技术用水量和污水排放量的减少，也可帮助企业降低生产成本。比如阿拉善工业园区分质供水项目，通过对乌兰布和工业园区的管网进行改造，形成综合供水管网（含生产用水、市政绿化用水、消防用水）及生活供水管网两大体系的管网。两套管网正常工况下各成体系、互不连通、独立运行，仅在灾害事故等特殊情况下打开连接点阀门由生活用水管网向工业用水管网提供补充，最终达到分质供水的目的。此项措施可以有效保护地下水，并达到合理使用地表水的目的。

4.4.5 二次供水安全保障技术

二次供水是指当民用与工业建筑生活饮用水对水压、水量的要求超过城镇公共供水或自建设施供水管网能力时，通过储存、加压等设施经管道供给用户或自用的供水方式。二次供水的方式主要有增压设备和高位水池（箱）联合供水、变频调速供水、叠压供水、气压供水。二次供水能够解决高层建筑和用水高峰期水压不足的现象。良好的二次供水系统可以为用户提供不间断、安全健康、经久耐用、高效节能、智能环保的用水体验。二次供水是城市水质健康循环的最后一道屏障，因此也受到社会的广泛关注。时有新闻报道因二次供水故障引起的水质污染问题。当前比较主流的二次供水安全保障技术有：叠压供水水质保障技术、生活饮用水水质保障技术、高位水箱供水技术等。

1. 叠压供水水质保障技术

基于变频调速供水方式中存在的市政给水管网水压不能充分利用和断流水箱水质可能受二次污染的问题，管网叠压供水技术得到发展与应用。该技术通过全自动控制技术、无负压技术和压力自动补偿技术等解决上述问题，对供水管网的原有压力进行充分利用，可通过变频调速的模式对水压进行合理控制，进而达到叠压供水的效果。

叠压供水主要采用的是无负压供水系统，其主要应用技术包括：微机变频技术、负压处理技术。同时，设备还属于全封闭结构，此方式取消水泵前的断流水箱，取而代之的是承压稳流罐或直连管道，能够直接串联自来水管网。整个系统不与外界相通，封闭、无污染，是目前普遍使用的二次供水技术。该技术依托模糊 PID 控制理论，能够合理调度若干台水泵。在用水量较大的情况下，为满足用水需求，必须增加系统扬程来克服系统阻力。当流量下降后，若继续用原设定的压力，将会浪费大量能源。叠压供水利用变频调速的模式，根据用水量对水压进行自动控制可以有效解决此问题。这种压力自动补偿技术，可以大幅降低能源浪费。

通常而言，要求外接市政供水管管径大于或等于 300mm，管网压力应大于或等于 0.22MPa。叠压设备进水管应比供水干管小两级或以上，或不大于供水干管过水面积的 1/3。此外，部分地区对可能造成回流污染的用户也做了限制：凡有可能对城市供水管网造成回流污染危害水质的相关行业（如医院、制药行业、化工行业等）禁用无负压加压供水设备。

叠压供水是一种安全、节能、成本低的二次供水技术，将其用于二次供水改造中，具有节约土地、安装简单、省省投资、全封闭运行、保证卫生和供水安全、节能减排效果明显、减少运行成本等优点。

2. 生活饮用水水质保障技术

（1）供水水质评估技术

供水水质评估技术是对地下水池联合水泵供水、地下水池高位水箱联合供水、变频恒压供水和无负压供水等四种供水方式开展水质现状调查，就不同供水方式对水质影响进行评价，研究不同管材、管道老化、供水方式等对二次供水水质的影响。

（2）二次供水设施优化布局技术

结合对不同供水模式下的二次供水系统的水质、节能降耗和管理维护三方面的研究，应逐步取消不便于清洗排水的地下水池，保留一定数量的屋顶水箱，通过定期清洗消毒解决屋顶水箱造成的水质问题；若水厂附近管网压力可直供至顶楼的多层居民楼，可取消屋顶水箱；对于水量水压有富余，水质污染严重的老旧小区，可以单点采用叠压供水设备进行改造；对于高层建筑，可取消地下水池，保留屋顶水箱，采用叠压供水加屋顶水箱联合供水模式。

（3）二次供水水质监测技术

结合二次供水的水黄水浑问题、红虫问题和有余氯降解残留3个关键性水质问题，对二次供水水质采用日常在线仪表实时在线监测及人工定期定时监测。如上海市浦东新区、宝山区和虹口区等地区对示范点二次供水的余氯和浊度两项水质指标进行了在线监测，经过一年的数据统计，示范点的水质监测指标数据稳定，符合生活饮用水标准要求。

3. 高位水箱供水技术

高位水箱是给水系统中的一种分布在居民住宅楼顶的调蓄构筑物，设置高位水箱是解决城市供水矛盾行之有效并且较为经济和简单的措施。由于居民用水存在着高峰期和低谷期，增加了水厂管理和泵房调度的难度。高位水箱在居民用水低谷期利用管网余压蓄水，在用水高峰期，管网供水压力下降的时候高温水箱补充供水。充分利用城市管网的水压，调节管网水量，缓解供水压力，节能效果明显。而且可以减少水厂供水的浮动，降低了水厂管理和调度的难度，也缓解住宅较高层的用水困难。深圳市水务（集团）有限公司曾对所接收的60多个加压泵站的能耗进行调研发现：定速加压泵站（即工频泵加高位水箱的泵站）单位能耗为 $0.3\sim0.4kW\cdot h/m^3$，变频调速加压泵站（无水箱的泵站）单位能耗为 $0.55\sim0.75kW\cdot h/m^3$。这表明高位水箱的设置，调节了管网水量，缓解供水压力，有明显的节能效果。

但高位水箱由于结构的限制，内部存在一部分死水导致细菌等的滋生。部分水箱由于其使用的壁面材质较差，内壁较粗糙极易黏附水中的污垢物，滋生青苔等，对水质有较大的影响。水箱数量较多，且安装在屋顶，需要投入大量的人力进行监督和巡逻，难于管理。同时，绝大多数高位水箱通过安装浮球阀控制进水，但浮球阀易于损坏。一旦损坏则水箱会一直处于进水状态，当进水超过水箱控制最高水位后，水会通过溢流管流入排水系统，造成水资源的浪费。另外，由于建筑结构荷载等原因，水箱不能设置太高，部分高位水箱安装的高度及水箱水位深度不够，导致顶层用水压力不能满足部分家用卫生设备的使用。

4.4.6 污水处理厂提标改造技术

《"十四五"城镇污水处理及资源化利用发展规划》对城市受纳水体的水质和污水处理设施提出了更高的要求。目的主要是提高污水排放标准，降低污水中的 COD、氨氮、总氮、总磷等含量。污水处理厂提标改造的方式繁多，主要是对现有的一些污水处理设施进行重新设计、尽量少改动现有工艺，通过增加新的工艺，提高污水处理能力，使出水达到新的排放标准。提标改造技术主要有：传统工艺＋MBR 组合技术、A³/O＋MBBR 高效生物膜反应器技术、高浓度粉末载体生物流化床工艺（HPB）、DT 自适应高效过滤器。此外还有活性焦过滤吸附污水净化处理技术、曝气生物滤池技术、高效磁混凝技术等也比较为流行。

1. 传统工艺＋MBR 组合技术

膜生物反应器（Membrane Bioreactor，MBR）是将活性污泥处理与膜过滤设备结合，实现生物处理和固液分离。MBR 系统采用低压过滤膜，通常为微滤膜或超滤膜。MBR 在处理污水过程中，生物处理系统采用活性污泥工艺降解污水中的 COD、BOD、氨氮、总氮和磷等污染物，膜系统对生物系统处理后的混合液进行固液分离，替代传统活性污泥工艺中的二沉池和深度处理工艺的介质过滤设施，截留悬浮物、胶体等。MBR 出水可排放到水质要求较高的水域，并满足回用要求。

MBR 按照过滤压力可分为两类：一是正压过滤膜，一般采用管式膜，安装在生物反应器外部，常用于处理工业废水，如采用陶瓷膜处理高温工业废水；二是真空压力过滤的浸没式 MBR，安装在生物反应器内部或独立的膜池中。一般采用中空纤维膜或平板膜，在低压条件下运行，对固体浓度变化的适应性较强，更换费用相对较低，适合处理城镇污水。目前中空纤维膜的使用较为广泛。膜材料可以是陶瓷，也可以是高分子聚合物，如聚偏氟乙烯 PVDF、聚丙烯 PP、聚乙烯 PE、聚醚砜 PES 等。其中 PVDF 在城镇污水处理中的使用较为普遍。

MBR 技术的特点是：

（1）占地面积小，节省空间。生物处理高浓度废水时，处理浓度越高，需要处理槽的尺寸越大。采用 MBR 工艺，由于污泥浓度高，可以在高负荷条件下运转，大幅度节约占地面积。

（2）运行管理方便，维护简单。MBR 解决了在高污泥负荷的情况运行会出现污泥膨胀现象的问题。因此，污泥膨胀对于 MBR 出水的影响远小于传统工艺，运行管理非常方便。

（3）泥龄长。膜分离使污水中的大分子难降解成分在体积有限的生物反应器内有足够的停留时间，显著提高了难降解有机物的降解效率。反应器在高容积、低污泥负荷、长泥龄下运行，可以实现无剩余污泥排放。

（4）抗冲击性强。当进水水量短时间内有较大变化时，可以考虑短时间加大膜的通过流量缓解冲击；当进水水质变化时，较高的污泥浓度也能在一定范围内缓解冲击。

（5）MBR 的处理成本相对较高，膜污染问题严重。

2. $A^3/O＋MBBR$ 高效生物膜反应器技术

一体化高效生物反应器（简称 $A^3/O＋MBBR$）采用预脱硝＋厌氧＋缺氧＋移动床生物膜好氧工艺技术。A^3/O 是在 A^2/O 工艺的基础上增加前置脱硝区，去除回流污泥中的硝酸盐氮，使聚磷菌在厌氧段释磷更彻底，从而提高氮磷去除能力。移动床生物膜反应器（简称 MBBR，图 4-17）是 20 世纪 80 年代中期开发的一种高效的污水生物膜处理技术。其原理是将密度接近于水的填料作为微生物生长载体投加到曝气池中，填料在曝气或机械搅拌作用处于流化状态，并使其与污水充分接触。由于生物膜载体具有很高的比表面积且易于微生物附着生长，可以形成高活性生物膜微生物处理污水。

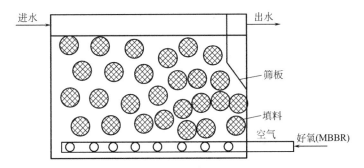

图 4-17　移动床生物膜反应器结构

MBBR 工艺既具有活性污泥法的高效性和运转灵活性，又具有传统生物膜法耐冲击负荷、泥龄长、剩余污泥少的特点。该工艺具有以下特征：

（1）容积负荷高。由于悬浮载体具有较大的比表面积，附着在其表面及内部的微生物数量大、种类多。一般情况下反应器内污泥浓度为普通活性污泥法的 5～10 倍，总浓度高达 30～40g/L，系统容积负荷高。

（2）脱氮效果好。MBBR 反应器中悬浮和载体表面附着的微生物处于好氧状态，将氨氮氧化为硝酸盐氮，而载体内部的兼性区和厌氧区利于反硝化细菌的生长，起到反硝化脱氮的作用，对氨氮的去除有良好的效果。

（3）易于维护管理。悬浮生物膜在曝气池内无须设置生物膜支架，便于维护生物膜以及池底的曝气装置，节省投资及占地面积。

（4）不易产生污泥膨胀。悬浮生物膜受到水流和气流的冲刷，保证了生物膜的活性，促成了新陈代谢，反应池中随水流化的生物膜上，不可能生长大量丝状菌，从而减少了污泥膨胀发生的可能性。

A^3/O+MBBR 已广泛应用于多种工业废水处理领域，包括石化废水、印染废水、奶酪生产废水等。如抚顺乙烯有限公司厂区采用 2 座体积 120m³ 的移动床生物膜反应器处理低浓度（COD_{cr} 为 60～80mg/L）的生活污水，在反应器内的水力停留时间为 24h，填料投加量约为 30% 的条件下，出水的 COD、BOD_5 和 SS 等指标浓度分别达到 20mg/L、5mg/L 和 5mg/L，其中氨氮的去除率最高，出水浓度可降至 1mg/L，出水经高效纤维过滤罐过滤后，符合循环冷却水回用标准。该技术抗冲击负荷能力强。当水质发生很大变化时，出水仍然稳定，且能够极大缩短水力停留时间。

3. 高浓度复合粉末载体生物流化床（HPB）工艺

高浓度复合粉末载体生物流化床（HPB）工艺，基于污水生物处理技术原理，通过向生化池中投加复合粉末载体，提高生物池混合液浓度的同时，构建了悬浮生长和附着生长"双泥"共生的微生物系统，并通过污泥浓缩分离单元、复合粉末载体回收单元实现了"双泥龄"，强化了生物脱氮除磷效果。工艺流程如图 4-18 所示。

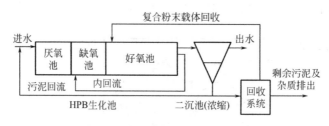

图 4-18　水质净化厂现状工艺流程

HPB 工艺采用微米级复合粉末载体。可伴随活性污泥实现全过程流化、回流等，无须设置专用的拦截与防护设施；良好的流化状态，提高了传质效果，进一步加快生化反应速率；更大的比表面积，单位容积生物量更高，容积负荷更高，抗冲击负荷能力更强。HPB 工艺配备粉末载体回收装置，可将附着微生物的复合粉末载体回收利用，在"双泥法"的基础上实现"双泥龄"，同步提高脱氮除磷效果；将大部分载体回收利用，减少日常载体投加量，降低运行成本。

HPB 工艺可适用于各种类型的活性污泥法工艺，广泛应用于大、中、小型城镇污水处理厂、乡镇与农村生活污水处理一体化设备开发以及合流制排水系统溢流污染控制等，适用于解决城镇污水处理厂在新建、提标、扩容过程中面临的征地拆迁难、投资和运营成本高、建设周期长等突出问题。

同济大学教授柴晓利等人在湖南某水质净化厂验证 HPB 工艺在提标扩容实际生产工况下的处理效果和可实施性，试验结果表明，生化池混合液浓度控制在 1.0 万 mg/L 左右，在厂区进水水量和水质变化较大（$K_z \geqslant 1.3$）、水温低于冬季设计温度时，HPB 工艺系统运行稳定，主要出水水质指标 COD<30mg/L、NH$_4$-N<1.5mg/L、TN<10mg/L、TP<0.3mg/L，能够实现高效、稳定达标。

4. DT 自适应高效过滤器

DT 自适应高效过滤器是以智能自适应纤维滤料为技术核心的高效过滤器。智能自适应滤料是一种结构新颖的过滤体。它最显著的特征是其智能自适应性和分形结构。该滤料形成的滤床孔隙分布接近理想的滤层结构。过滤时滤料顺水流方向孔隙度由大逐渐变小，同一截面孔隙率分布均匀，在过滤时水流大小一致，截污量大且均匀，滤床断面垂直孔隙率由上至下逐渐减小，形成上下梯度分布，有利于水中固体悬浮物有效分离。滤床上部脱附的颗粒很容易在下部的滤床中被捕获截留。由于核心和纤维丝束的相对密度差，过滤时核心起到了对纤维的压密作用；而核心尺寸较小，过滤断面孔隙分布的均匀性影响小，起到过滤状态既有纵向深层过滤，又有横向深层过滤，从而提高了滤床的纳污量、过滤精度和过滤速度。反冲洗时，由于核心和纤维丝束相对密度差，纤维丝束随反冲洗水流而散开产生较强的摆动，再经过空气擦洗，滤料之间相互碰撞产生较强的转动、翻转、甩力，强化了反冲洗时滤料受到的机械作用力，使附着在纤维丝束表面的悬浮物颗粒很容易脱落，提高了纤维过滤体反冲洗洗净度，反冲洗耗水量小。

DT 自适应高效过滤器，既有纤维滤料过滤精度高和截污量大的优点，又具有颗粒滤料反冲洗洗净度高和耗水量小的优点。DT 自适应高效过滤器广泛适用于电力、石油、化工、煤炭电子等行业的用水处理，有效去除多种污染物。

4.4.7 黑臭水体整治技术

当今大多数城市河道长期受到各类污染源的污染，导致水体质量下降，水体的自净功能丧失，城镇河道出现黑臭现象。这不仅影响了城市景观，也使城市形象受到破坏，给人们的生存环境带来影响。城市"因水而生、因水而兴"，加强城市黑臭河道治理，维护城市的生态环境，美化城市的景观，改善人们居住的环境具有其重要的意义。当前城市黑臭河道治理关键技术有：截污纳管技术、清淤疏浚技术、人工增氧技术、初期雨水控制技术等。

1. 截污纳管技术

截污纳管就是指对那些在河道两侧的工厂、单位以及居民区等直接排放河道的污水管道进行改造和建设，按照就近原则接入已经敷设在城市道路下的污水管道系统，将原本直接排放入河道内的污水收集并输送到城市的污水处理厂，从源头削减污染物排放，如图 4-19 所示。该技术适用于缺乏完善污水收集系统、点源产生的污水直接造成水体污染的情况。

截污纳管是黑臭水体整治最直接有效的工程措施，也是采取其他技术措施进行黑臭水体整治的前提。对老旧城区的雨污合流制管网，应沿河岸或湖岸布置溢流控制装置。实际应用中，应考虑溢流装置排出口和接纳水体水位的标高，并设置止回装置，防止暴雨时倒灌。

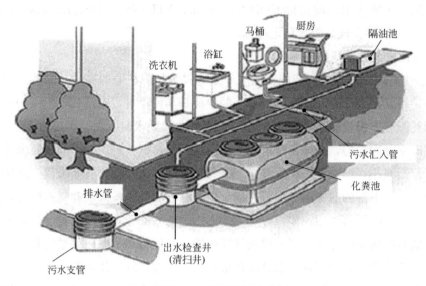

图 4-19　截污纳管示意图

以上海市宝山区罗店九期截污纳管改造工程为例，该工程排水管总长约 20769m，项目涵盖排水管道敷设、钢板桩与路基路面等修复工作。该工程强化施工前期准备工作，尽量降低地表环境、地下管道、施工周期等因素的影响，以经济、可靠与安全为施工管控要素，合理排布现场排污管线，并进行闭水试验，保障了项目施工效果与水准。截污纳管改造工程施工技术的有效落实，为城市地域提供更完善且可靠的排水系统，同时凭借施工流程管控，也显著提高了排水管材的利用率，降低了施工成本。

2. 清淤疏浚技术

清淤疏浚技术是指为疏通、扩宽或挖深河湖等水域，用人力或机械进行水下土石方开挖的技术，如图 4-20 所示。广义的疏浚包括用水下爆破法进行的炸礁、炸滩等。人工开挖只适用于可断流施工的小河流。机械施工广泛使用各类挖泥船，有时也用索铲等陆上施工机械。将常规清淤施工按照是否涉水划分为带水、干水两种作业方式，其中直接利用机械设备抽吸悬浮淤泥和从水底挖泥的带水作业模式，具有不影响船舶正常航行、操作方便且施工效率高等优点。但这种方式的供需较为复杂、所应用的设备较多。干水作业具有效果好、清淤较为彻底、质量易于控制等优点。

清淤疏浚对减少中小河流灾害损失、降低治理河段洪水位等发挥着重要作用，对于低山丘陵区河道还可将生态建设、护岸护砌和清淤疏浚相结合，因地制宜选择合适的施工工艺、机械设备和施工方案，这不仅有利于简化施工过程、提高施工效率和降低工程成本，而且可有效防止二次污染，避免周边居民受河道清淤的影响，保证施工安全与工程质量，并最终实现河道环境美化、水质改善、河道淤泥清除的目的。但清淤疏浚需合理控制疏浚深度，过深容易破坏河底水生生态，过浅不能彻底清除底泥污染物；高温季节疏浚后容易导致形成黑色块状漂泥；底泥运输和处理处置难度较大，存在二次污染风险，需要按规定

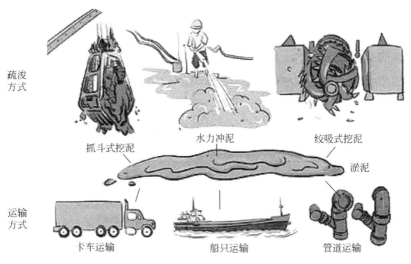

图 4-20　清淤疏浚示意图

安全处理处置。

　　该技术主要适用于：河岸防护薄弱，在河岸防护建设上河道综合治理的投资较少，许多河段缺乏有效的护岸，且未能及时修复损坏后的原有护岸，尤其是凹岸存在严重的崩塌、淘蚀、冲刷等问题；河道水环境"脏、乱、差"；河道破损、落淤严重、过水断面减小、流速缓慢，在汛期来水时，排水能力低下等。目前已有成功案例（如扬州市黑臭河道整治）表明，采用清淤疏浚和人工曝气方式整治后，各河道水体透明度和溶解氧浓度得到显著改善，均值分别为 48cm 和 6.6mg/L；氧化还原电位和氨氮浓度波动较大，分别为 －105～238mV 和 0.123～19.4mg/L。

3. 人工增氧技术

　　人工增氧技术主要通过人工曝气的方式，如微纳米曝气技术（图 4-21），将水中溶解氧浓度提高，为各种微生物提供氧气，从而提升微生物对有害物质的降解能力。此外，在水体环境中，上层和下层氧气浓度差距较大。上层氧气浓度较高，下层则处于严重缺氧的状态。人工增氧技术（如人工增氧设备，图 4-22）的介入能够加快硝化反应速度，有效改善水体缺氧情况，提高自清洁能力，修复黑臭和富营养化水体。

图 4-21　微纳米曝气技术

图 4-22　人工增氧设备

人工增氧技术适用于含有较多的可降解性物质，污染水体的溶解氧含量较低等问题的湖泊水体。作为阶段性措施，它也可适用于整治后城市水体的水质保持，可有效提升局部水体的溶解氧水平，并加大区域水体流动性。但重度黑臭水体不应采取射流和喷泉式人工增氧措施；人工增氧设施不得影响水体行洪或其他功能，需要持续运行维护，消耗电能。

董庄深渠位于天津市芦台镇和宁河经济开发区，河道全长约 7.5km，沉积物淤泥深度 1.5m 左右，河道水体呈严重黑臭，已严重影响周边城镇居民和经济开发区企业的生产生活。2017 年 6 月天津市宁河区水务局投入 38 台纯氧、臭氧纳米生态修复设备进行河道原位治理，经 1 个月治理，水体基本消除臭味，3 个月后已消除黑臭，结合上游截污工程共同实施，到 10 月水体水质已稳定达到地表水环境质量 V 类水指标。

4. 初期雨水控制技术

初期雨水污染作为一种污染源，主要是指在降雨的初始时期，雨滴经淋洗空气，冲刷城市道路、各类建筑物、废弃物等之后，携带各种污染物质（如氮氧化物、有机物以及病原体等）进入地表水和地下水，加重城市河道、水源地的污染，从而影响城市水资源的可持续利用。初期雨水控制技术可以加强对初期雨水的综合处理和利用，对降低径流污染、补充河道清洁水源、缓解城市水资源紧张和改善城市环境具有重要的现实意义。雨水收集模块结构如图 4-23 所示。

图 4-23　雨水收集模块结构图

初期雨水控制技术主要包括屋面初期雨水径流污染治理、道路初期雨水径流污染治理、城市新区低影响开发技术。初期雨水控制技术将雨水收集、利用或回灌地下，可减轻城市的防洪排涝压力，防止城市因排涝设施不完善导致的城市雨水排泄不畅和洪涝等灾害的发生；削减雨季峰值流量维持河川的水量，增加水分的蒸发，减少或避免马路及庭院的积水，改善小区水环境，还能够提高水资源利用率。雨水可作为日常用水，用于冲厕、洗衣物、浇灌花草等，也可用于工业的机器清洗、车间清洗等，减少自来水的用量；还可作为市政用水，用于道路清洗、浇灌城市绿化等，利用雨水补充地下水资源。

4.5 应用实例

4.5.1 南洲给水厂处理新工艺

1. 工程概况

（1）水厂简介

广州市南部供水工程南洲水厂，坐落于广州市海珠区新滘镇沥滘村，是经广州市计委批准建设的广州市市政重点工程，于2004年投产并向大学城、黄埔大道、解放中路等片区提供饮用水。该水厂设计供水能力为100万 m³/d，全厂占地面积为22万 m²。水厂原水取自顺德北滘西海取水点，经2条DN2200原水输水管送至南洲水厂。它是广州市首个采用"预处理＋常规处理＋深度处理"净水工艺的特大型饮用净水生产厂，获得了ISO 9001：2000认证，其出厂水质完全符合国家《生活饮用水卫生标准》GB 5749—2006要求，其工艺、出厂水水质和管理在国内居于领先水平。

（2）工艺总述

广州市自来水公司南洲水厂提供经过深度处理的饮用水。采取的工艺为臭氧预处理＋常规处理＋臭氧-生物活性炭滤池工艺（图4-24）。

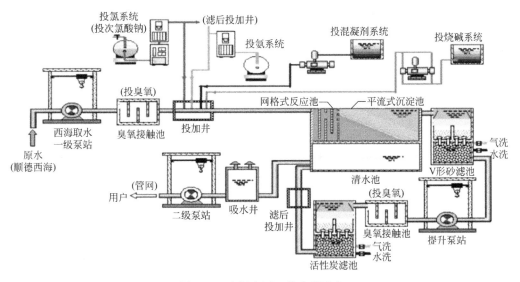

图4-24 南洲水厂工艺流程示意

2. 南洲水厂主要净水工艺介绍

（1）前臭氧接触池

顺德原水通过2条DN2200原水管过小洲水道后，分为1条DN2000及2条DN1600原水管进入厂区。2条DN1600管再连通为1条DN2200管，与前者DN2000管一起进入南洲水厂的前臭氧接触池。

前臭氧接触池分为独立的 4 格池，在每格臭氧接触池前设置格栅间，每格安装 2 台栅距为 3mm 的并联回转式固液分离机。每格设置单独的 $DN1800$ 进水管、流量计和排空管，进水量可通过接触池前的 $DN1800$ 进水管上的流量计监测。在总出水渠设 2 条 $DN2400$ 出水管将水引至配水池。臭氧投加扩散系统采用水射器曝气的形式，利用负压吸入臭氧气体，并同时进行气水混合，臭氧投加射流加压泵房与前接触池合建。

（2）栅条反应、平流沉淀池

经前臭氧接触池的原水，通过重力流进入配水池，再分配至反应（絮凝）池、平流式沉淀池。全厂共设 8 个栅条反应、平流沉淀池。反应池分为 1~8 号，每个反应池配一个平流沉淀池。1~4 号反应池每个池分为 3 组，每组设 $DN1000$ 进水管配 $DN1000$ 电动蝶阀 1 台，每组设栅隙 3mm 回转式固液分离机 1 台；5~8 号反应池每个絮凝池分为 4 组，每 2 组合设 $DN1000$ 进水管配 $DN1000$ 电动蝶阀 1 台，每 2 组合设栅隙 3mm 回转式固液分离机 1 台。

沉淀池为矩形水池，上部为沉淀区，下部为污泥区，池前部有进水区，池后部为出水区。水流进入沉淀池后，沿进水区整个截面均匀分配，进入沉淀区，然后缓慢地流向出口区。水中的颗粒沉于池底，沉积的污泥通过排泥车的作用连续或定期排出池外。每个平流沉淀池各设置设 1 台 26m 轨距虹吸排泥车，共 8 台。

（3）气水反冲洗 V 形砂滤池

全厂共 52 个砂滤池，其工艺流程如图 4-25 所示。每个砂滤池的轴线尺寸为：长 13m，宽 7m，高 2.48m。

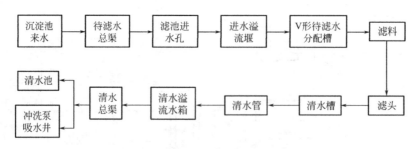

图 4-25　南洲水厂砂滤池工艺流程图

1）设计参数

砂滤池设计最大处理水量 100 万 m^3/d，24h 运行。

砂滤池分组：分为砂滤池一、砂滤池二、砂滤池三、砂滤池四四大组。其中砂滤池一、二每组 12 格，共 24 格；砂滤池三、四每组 14 格，共 28 格。

滤面：砂滤池单格滤面均为 91m^2。砂滤池一、二滤面合计 2184m^2，砂滤池三、四滤面合计 2548m^2。砂滤池总滤面为 4732m^2。

设计滤速：当絮凝池、沉淀池全部运行，并平均处理最大处理水量 100 万 m^3/d 时，砂滤池一、二的设计正常滤速（平均）9.75m/h，强制滤速（以滤池一、二中有 1 格反冲洗，1 格停池维修，其余运行计）10.62m/h；砂滤池三、四的设计正常滤速（平均）8.35m/h，强制滤速（以滤池三、四中有 1 格反冲洗，1 格停池维修，其余运行计）8.99m/h。当全部滤池平均处理最大水量 100 万 m³/d 时，设计正常滤速（平均）8.0m/h，强制滤速（以全部滤池中同时有 2 格反冲洗，2 格停池维修，其余运行计）9.74m/h。

滤料层厚度：均质海砂作为滤料，厚度为 1.24m；均粒石英砂作为垫层，厚度 0.06m。出水浊度：小于等于 0.2NTU。

2）过滤状态

待滤水由待滤水总渠经滤池进水孔，过进水溢流堰，分流两侧至 V 形待滤水分配槽，进入滤池。

待滤水经过均质滤料过滤，再经滤头缝隙进入清水槽，经清水管流入清水溢流水箱，至清水总渠。

南洲水厂采用"气冲→气、水混冲→水冲→气、水混冲→水冲"五个步骤反冲洗，既能提高冲洗效果，又可节省冲洗水量。反冲洗通过变频调速控制罗茨风机或泵组电机转速来实现变强度反冲洗。

（4）污泥处理系统

该系统主要是对反应池、沉淀池、滤池在生产过程形成的污泥水进行处理，是实现"零排放"环保指标的保障。污泥处理系统工艺流程如图 4-26 所示。

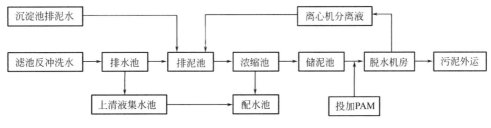

图 4-26　南洲水厂污泥处理系统工艺流程图

（5）南洲水厂臭氧处理系统

臭氧处理系统主要工艺参数：臭氧投加浓度 7wt％～10wt％（正常情况下 10wt％，其中一台臭氧设备故障停机时 7wt％。wt％为重量百分比，7wt％～10wt％相当于 103～148g/m³）；前臭氧投加量 0.5～2.5mg/L，臭氧与水接触反应时间大于等于 5min；后臭氧投加量 0.5～2.5mg/L，臭氧与水接触反应时间大于等于 10min，水中余臭氧 0.2～0.4mg/L；前、后臭氧在水中的转移效率都要求大于等于 95％。

臭氧-生物活性炭深度处理工艺是将活性炭物理化学吸附、臭氧化学氧化、生物氧化降解及臭氧灭菌消毒四种技术合为一体的工艺，与常规处理工艺相比，具有以下优势：

1）改善感官性指标，提高色度和臭阈值去除率；

2）有机物指标的去除率在 50％以上，比常规处理工艺提高至少 15％～20％；

3）国内常规加氯消毒工艺处理的自来水的 Ames 致突变试验结果多为阳性，而该工艺处理后为阴性；

4）氨氮去除率达 90％左右，水中氨氮和亚硝酸氮可被生物氧化为硝酸盐，从而减少了后氯化的投氯量，降低了三卤甲烷的生成量；

5）提高对铁、锰的去除率；

6）有效去除 AOC、蛋白氨氮，提高处理水的生物稳定性，提高管网水质。

3. 建设成效

通过中国疾病预防控制中心环境研究所等专家的技术评审，南洲水厂成为我国自来水生产史上第一个生产饮用净水并通过专家评审的城市自来水厂。南洲水厂出厂水水质稳定，完全达到了直接饮用净水的要求。南洲水厂生产工艺的设计、运行等数据可作为国内城市发展饮用水生产的借鉴。

南洲水厂是目前国内早期生产工艺起点较高的饮用净水厂之一。与普通自来水厂相比，南洲水厂增加了臭氧活性炭深度处理新工艺，这种工艺改变了一般水厂使用预氯化去除有机物的方法，有效地去除无机物和氧化天然有机物，而水中的异味经过炭滤池有效消除。

4.5.2 京溪地下污水处理厂处理新工艺

1. 工程概况

（1）概况

广州市京溪地下污水处理厂位于广州市自云区沙太北路以东，犀牛南路以北地段，服务范围包括沙河涌左右支流和南湖地区，日污水处理能力达到 10 万 t。该厂是我国首座全地埋式的膜生物反应器污水处理厂，占地面积仅为同类常规污水处理厂用地的 1/5，是全国吨水占地面积最小的城市生活污水处理厂。

污水由厂外京溪提升泵站经污水压力管线输送进入厂区。污水处理的工艺是目前国际先进的 MBR 工艺，以超滤膜、微滤膜分离过程取代传统活性污泥处理中泥水重力沉降分离过程。MBR 膜材质为聚偏氟乙烯（PVDF）中空纤维膜。经过一系列处理后，出水水质优于一级 A 标准，主要用作沙河涌补水。污泥处理采用机械一体化污泥离心浓缩脱水机，消毒采用紫外线消毒，除臭采用微生物除臭工艺。

（2）主要工艺参数

1）京溪污水处理厂设计进、出水水质（表 4-13）。

京溪污水处理厂设计进、出水水质 表 4-13

项目	COD_{cr} (mg/L)	BOD (mg/L)	SS (mg/L)	NH_4-N (mg/L)	TP (mg/L)	TN (mg/L)	大肠杆菌群数 (个/L)
进水水质	270	160	220	30	35	4.5	
出水水质	40	10	10	5(8)	0.5	15	1000 个/L

2）预处理：分 2 座，单座 $Q=3.47\text{m}^3/\text{s}$；总尺寸 55.75m×21.35m×7.6m。

3）MBR 生化系统生化区：MBR 生化池采用 A^2/O 工艺，共设 2 座生化池，总有效容积 31000m³。

4）膜过滤：膜过滤本身就是一种消毒方法，超滤膜过滤可高效去除细菌。本方案 MBR0.05μm 超滤膜能有效截留绝大部分细菌（一般 0.2～50μm）和部分病毒，出水基本可以达到粪大肠菌不超过 1000 个/L 的排放标准。MBR 出水 SS 接近于零，浊度很小，一般低于 1NTU。

5）反冲洗：通过在膜箱的底部采用大气泡曝气产生紊流，冲刷中空纤维的表面，减少污染物在膜表面的聚集，同时减少膜化学清洗的次数。在膜工作时，自动进行反冲洗，以延长膜的使用寿命和保证达到稳定的出水流量，反冲洗采用滤后水。在连续工作数周后，系统要进行化学清洗，即采用次氯酸钠等化学药剂对膜进行清洗，以更好地去除膜表面附着的污染物，恢复膜通量。

膜清洗加药间加药系统为 MBR 生化系统配套，设置 3 个储药罐，分别储备酸、碱和 NaClO 三种药剂。加药系统分在线和离线两种方式，离线清洗泵 $Q=20\text{m}^3/\text{h}$，1 用 1 备，在线清洗泵 $Q=1\text{m}^3/\text{h}$，3 用 3 备。

6）紫外线消毒

① MBR 出水水质好，透光性好，紫外线容易穿透，适合用紫外线消毒方法。

② 本方案采用了紫外线消毒设备于 MBR 设备间，提升了水质。

2. 主要工艺

1）地面总体布局，如图 4-27 所示。

图 4-27　地面布局图

2）地下一层，如图 4-28 所示。

3）地下空间结构，如图 4-29 所示。

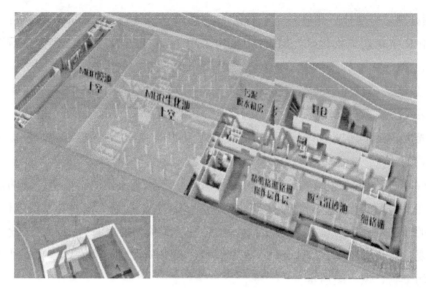

图 4-28　地下一层布置图

图 4-29　地下空间结构设计图

3. MBR 系统的设计与运行

（1）膜系统设计介绍

京溪污水处理厂设计规模 $Q = 10$ 万 m^3/d，共有 2 座生化池及其膜分离系统。其中，两个生化池为对称布置，中间设置过车通道。该项目生化系统采用膜生物反应器（MBR工艺），生化部分为 AAO，膜区与生化区相对独立设置，同时辅以化学除磷手段设计。

该项目膜组件设计采用聚偏氟乙烯（PVDF）中空纤维帘式膜，孔径小于等于 $0.1\mu m$，共设 20 个膜运行单元，每个系列 10 个膜组件，设计膜通量 $15L/(m^2 \cdot h)$。设计膜组件运行开停比为 9:1，由 PLC 自动控制，膜系统设计水反洗、维护性在线化学反洗和离线化学清洗系统。水反洗流量按产水量的 1.2 倍设计，在线反洗采用反洗泵把清洗药剂反向打入膜组件进行在线药液清洗，每次历时 60～90min，在线化洗周期为 1～2 次/周；离线化学清洗就地使用该组膜池作为化学清洗池，使用化学药剂对膜组进行浸泡并搅拌冲洗，清洗完成后化学废液泵入废液集水池，中和后缓慢打入生化系统处理，离线清洗周期为一年。清洗药剂采用酸、碱和次氯酸钠液。

（2）膜组件的选用

该项目采用中空纤维超滤膜，材质为聚偏氟乙烯（PVDF）。此材料耐污染，易清洗，化学性能稳定，抗氧化性强，使用寿命长。

（3）膜系统的运行工艺

该项目整个系统膜区共两个组膜池，如图 4-30 所示为其中一组膜池的运行工艺流程，另一组膜池的运行与该膜池运行方式一致。

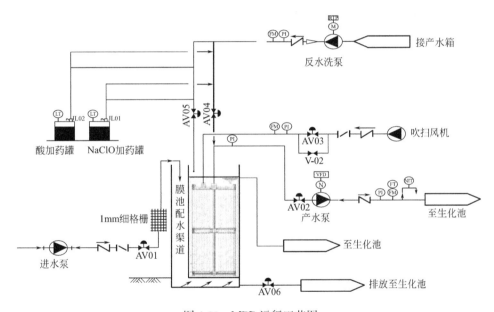

图 4-30　MBR 运行工艺图

（4）运行流程与说明

京溪项目正常运行过程包括产水阶段、间歇加强气洗阶段、维护性化学反洗阶段、化学清洗阶段共 4 个部分。其中前面 2 个部分统称为一个正常净水流程，维护性化学反洗为附加清洗阶段，主要用于膜组件的维护性清洗。

（5）运行效果

膜生物反应器去除 COD 效果明显，稳定运行期间去除率可以达到 91% 以上，出水 COD 大部分时间不超过 20m/L。并且具有较强的耐冲击负荷的能力。对 SS 浊度的去除效果显著。由于膜的高效截留率，出水基本未检出 SS，出水浊度也很低，始终保持在 0.1NTU 左右。

对氨氮去除效果明显，氨氮平均去除率达 98.9%，出水平均值为 0.32mg/L，远优于城市再生回用水水质指标。对总氮去除效果不稳定，随进水水质波动，在总氮容积负荷较大时，去除效率较低。但出水总氮能保持在 15mg/L 以下，平均去除率达 64.5%。

对总磷去除效果较佳，出水平均总磷浓度在 0.3mg/L，运行期间在进水浓度较高时投加硫酸铝药剂进行化学除磷，基本上依靠生物除磷，去除率达 92.7%，效果理想。

4. 建设成效

经过多年的运行数据积累，京溪污水处理厂为传统工艺＋MBR 组合技术提供了重要的参数及实际运行时如何调控的理论依据。通过分析实际运行数据，得出膜系统造成污染的各种因素，控制膜污染发生措施及膜系统良好运行操作条件，为该项技术的提供设计参数参考，为后期运行时如何调控提供理论依据，从而有效地解决采用传统工艺＋MBR 组合技术的工艺运行可能存在的问题，使整体工艺运行更加稳定而高效。

京溪地下污水处理厂膜生物反应器对污水主要污染物质的去除效果明显，其中对污水 COD、NH_4-N、TN、TP、SS 和浊度等水质指标去除效果均较为理想，并且在稳定状态下可以达到回用水水质标准，并优于回用水水质标准。京溪污水处理厂在占地面积受限的情况下，采用 MBR 处理工艺，不仅为广州治水拓展了新思路，也为高密度城市中污水处理厂的规划选址与建设提供了借鉴方案。

第5章 城市节水生态建设

5.1 基本内容

水是事关国计民生的基础性自然资源和战略性经济资源，是生态环境的控制性要素。长期以来，人们普遍认为水是一种"取之不尽，用之不竭"的资源，全社会节水意识不强、用水粗放、浪费严重。我国水资源人均拥有量并不丰富，时空分布不均衡，水资源利用效率与国际先进水平存在较大差距。水资源短缺已经成为国家生态文明建设和高质量可持续发展的瓶颈。节水是解决城市水资源短缺问题的重要举措之一，城市节水生态建设旨在大力推进工业、城镇等领域节水，加大非常规水源利用力度，提高水资源利用效率和效益，强化水资源承载能力刚性约束，聚焦重点领域，加强监督管理，增强全社会节水意识，大力推动节水制度、政策、技术、机制创新，加快推进用水方式由粗放向节约集约转变。宏观尺度上构建城市健康水循环，中观和微观尺度上构建内部循环循序系统，建设人与自然和谐共生的节水型城市。

5.1.1 工业节水升级建设

城市工业用水是全社会用水的重要组成部分，提高工业用水效率，实施全面工业节水政策，控制工业用水总量，降低用水强度指标（万元 GDP 耗水量、万元工业增加值耗水量），是新时期城市绿色可持续发展的重要举措。推进节水型企业、工业园区建设，可为城市水资源可持续利用奠定坚实的基础。

1. 推进工业节水改造

工业企业通过完善用水计量和在线监测系统，推行高效冷却、洗涤、循环用水、污废水再生利用等节水工艺和技术、淘汰或者替代高耗水生产工艺，强化生产用水管理，实行工业节水改造。企业开展节水技术改造及再生水回用改造，重点企业定期进行水平衡测试、用水审计及水效对标。政府对超过取水定额标准的企业分类分步限期实施节水改造。

2. 推动高耗水行业节水增效

通过实施节水管理和改造升级、采用差别水价以及树立节水标杆等措施，促进火电、钢铁、纺织染整、造纸、石化和化工、食品和发酵等高耗水企业加强废水深度处理和污废水处理后再利用。依据主体功能区规划，在生态脆弱、严重缺水和地下水超采地区，控制高耗水项目的新建、改建、扩建，或者将高耗水企业向水资源条件允许的工业园区集中，用于推进节水增效目标实施。

3. 推行工业循环利用和梯级利用

为了响应住房城乡建设部和国家发展改革委《城镇节水工作指南》中提倡的构建城市健康水循环号召，现有企业和园区通过开展以节水为重点内容的绿色高质量转型升级和循环化改造，推进节水及水循环利用设施建设，促进企业间串联用水、分质用水、一水多用和循环利用；新建企业和园区在规划布局时，可以采取统筹供排水、水处理及循环利用设施建设，优化企业间用水系统集成。

5.1.2 城镇节水降损建设

城镇节水降损是实施国家节水行动的重要环节，也是全面建设节水型城市与实现水资源可持续利用的重要途径。城镇地区人口密集、资源环境压力大，尽管目前已经取得较大的节水成效，但供水管网漏损率、污水再生利用率等方面，与世界先进水平存在较大的差距，城镇用水各领域仍有很大的节水潜力。

1. 推进节水型城市建设

推动节水型城市建设，提高城市用水效率和效益，是建设节约型社会的重要内容，也是建设宜居生态城市的内在要求。推进节水型城市建设，可通过以下途径逐步实施：①将节水工作落实到城市规划、建设、管理各个环节，实现优水优用、循环循序利用；②逐步落实城市节水各项基础管理制度，有力推进城镇节水改造；③结合海绵城市建设，提高雨水资源等清洁非常规水源的利用率；④污水再生利用设施逐步完善，能进一步提高非常规水源的使用率，比如，城市生态景观、工业生产、城市绿化、道路清扫、车辆冲洗和建筑施工等，鼓励优先使用再生水，提升再生水利用水平，构建城镇良性水循环系统。

2. 降低供水管网漏损

根据国家相关标准要求，城市供水企业管网漏损率不大于12%，"水十条"中要求全国公共供水管网漏损率在2020年控制在10%以内。然而，根据住房城乡建设部对多个城市统计，全国城市公共供水系统的管网漏损率平均达15%。

降低供水管网漏损可从以下几方面着手：①加快供水管网改造建设实施方案的制定和实施，完善供水管网检漏制度；②加强公共供水系统运行监督管理，推进城镇供水管网分区计量管理；③建立精细化管理平台和漏损管控体系，协同推进二次供水设施改造和专业化管理；④重点推动管网高漏损地区的节水改造，实现供水管网漏损率的大幅度下降。这些降低供水管网漏损率的措施，也是推动城市健康水循环的重要手段。

3. 开展公共区域节水

开展公共区域节水，是响应国家建设节水型城市的重要环节之一，可采取以下几方面的措施：①合理布置供水分区，尽量利用市政水压。②园林绿化宜选用适合本地区的节水耐旱型植被，注重绿化节约用水，尽量使用雨水或再生水，推广喷灌、微灌、滴灌等节水灌溉方式。③加强供水设施维修改造，定期观测、定量分析，杜绝水的跑、冒、漏等现象发生，减少用水量。④大力推广绿色建筑，在新建建筑内尽量采用节水器具。开展公共区域节水，是推进城市水资源可持续利用与良性循环的重要举措。

4. 严控高耗水服务业用水

服务业用水管理领域存在节水法规缺失、节水体制不顺、违规取水、用水过度、计量设施不健全、执法监督不到位和节水意识淡薄等问题。严控高耗水服务业用水可采取以下几方面的措施：①加快落实最严格水资源管理制度，强化高耗水服务业用水管理，建立健全用水管理制度。②从严控制洗浴、洗车、高尔夫球场、人工滑雪场、洗涤、宾馆等高耗水服务行业用水定额。③洗车、高尔夫球场、人工滑雪场等特种行业积极推广循环用水技术、设备与工艺，优先利用再生水、雨水等非常规水源。④完善节水技术标准，加大宣传教育，增强服务业经营者和消费者节水意识，切实控制全行业用水量。

5.1.3　非常规水源利用

非常规水源是指有别于常规水资源的再生水、海水、微咸水、矿坑水、集蓄雨水等，也可称之为非传统水源。国家节水行动方案规定，重点地区节水开源，在缺水地区要加强非常规水源利用，在沿海地区要充分利用海水。通过开展污水资源化、海水淡化、再生水、集蓄雨水等非常规水源利用，可有力缓解城市水资源短缺，实现水资源的可持续利用。近年来，全国各地不断扩大再生水利用规模，提高水质，拓展使用范围，非常规水源开发利用成效明显。

1. 城镇生活污水资源化利用

污水资源化利用是指污水经无害化处理达到特定水质标准，作为再生水替代常规水资源，用于工业生产、市政杂用、居民生活、生态补水、回灌地下水等，以及从污水中提取其他资源和能源。污水资源化对优化供水结构、增加水资源供给、缓解供需矛盾和减少水污染、保障水生态安全，具有重要意义。

以城镇污水处理厂为基础，根据日益增长的生活、生产以及生态用水的需求，对再生水利用基础设施进一步完善。对于丰水地区，结合流域水生态环境的质量提升需求，对污水处理厂实行提标改造和精准治污策略，合理确定污水处理厂的排放限值。对于缺水地区（特别是污染型缺水地区），可将污水处理厂的达标排放水，一部分转化为可利用的水资源，就近回补自然水体；另一部分作为该地区的杂用水，实现区域污水资源化循环利用。对于资源型缺水地区（如北方地区），可以实施以需定供、分质用水。典型污水资源化利用过程如图5-1所示。

2. 工业废水资源化利用

工业废水资源化利用，主要从两方面进行：一是积极推动工业废水资源化利用；二是实施工业废水循环梯级利用工程。

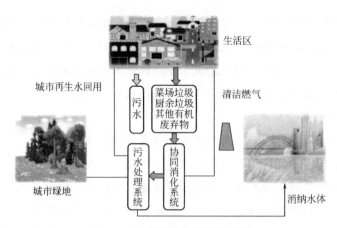

图 5-1 污水资源化利用示意图

对于工业废水资源化利用，可从以下方面着手实施：①开展企业用水审计、水效对标和节水改造，推进企业内部工业用水循环利用，提高重复利用率。②推进园区内企业间用水系统集成优化，实现串联用水、分质用水、一水多用和梯级利用。③开展工业废水再生利用水质监测评价和用水管理，推动地方和重点用水企业搭建工业废水循环利用智慧管理平台。

对于工业废水循环梯级利用，根据以下几种情况逐步实施：①在缺水地区，将市政再生水作为园区工业生产用水的重要来源，严格控制新水的取用量。②对严重缺水地区，可以创建产城融合的废水高效循环利用创新试点。③在有条件的工业园区，统筹废水综合治理与资源化利用，建立企业间点对点用水系统，实现工业废水循环利用和梯级利用。④对高耗水行业，重点围绕火电、石化、钢铁、有色、造纸、印染等，组织开展企业内部废水利用，创建一批工业废水循环利用示范企业、园区，通过典型示范带动企业用水效率提升。

3. 沿海地区海水淡化利用

海水淡化作为一种有效的淡水制备方法，已成为沿海缺水城市和海岛解决用水矛盾的重要手段。沿海地区高耗水行业和工业园区用水要优先利用海水，在离岸有居民的海岛实施海水淡化工程。加大海水淡化工程自主技术和装备的推广应用，逐步提高装备国产化率。沿海严重缺水城市可将海水淡化水作为市政新增供水及应急备用的重要水源。

我国海水淡化产业不断发展，工程规模不断增大。2005～2017 年，我国的海水淡化工程产能发展情况如图 5-2 所示。从图 5-2 可以看到，我国海水淡化工程规模在 2005 年不足 5 万 m^3/d，此后，呈现规模化增长，到 2017 年，工程规模已接近 120 万 m^3/d。

5.1.4 健全节水体制机制

完善节水体制机制，是推行国家节水行动方案、全面建设节水型城市、实现城市水的健康循环与生态利用的有力保障。体制机制的完善，强调体制机制改革，深化水价、水权水市场改革，激发内生动力等。

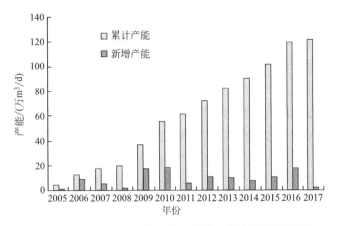

图 5-2　2005～2017 年我国海水淡化工程产能发展情况

根据国家发展改革委及水利部印发的《国家节水行动方案》，从以下五个方面阐述体制机制完善的内容。

1. 全面深化水价改革、推动水资源税改革

通过深化水价改革，建立健全充分反映供水成本、激励提升供水质量、促进节约用水的城镇供水价格形成机制和动态调整机制，适时完善居民阶梯水价制度，全面推行城镇非居民用水超定额累进加价制度，进一步拉大特种用水与非居民用水的价差。与水价改革协同推进水资源税改革，探索建立合理的水资源税制度体系，及时总结评估水资源税扩大试点改革经验，科学设置差别化税率体系，加大水资源税改革力度，发挥促进水资源节约的调节作用。

2. 推进水权水市场改革、强化节水监督管理

进行水权水市场改革，推进水资源使用权确权，明确行政区域取用水权益，科学核定取用水户许可水量，探索流域内、地区间、行业间、用水户间等多种形式的水权交易。在满足自身用水情况下，对节约出的水量进行有偿转让。对用水总量达到或超过区域总量控制指标或江河水量分配指标的地区，可通过水权交易解决新增用水需求。同时，强化节水监督管理，严格实行计划用水监督管理。对重点地区、领域、行业、产品进行专项监督检查。建立倒逼机制，将用水户违规记录纳入全国统一的信用信息共享平台。

3. 健全节水标准体系、推进用水计量统计

对于节水标准体系，需加快工业、城镇以及非常规水利用等各方面节水标准制修订工作，建立健全国家和省级用水定额标准体系，逐步建立节水标准实时跟踪、评估和监督机制。同步推进取用水计量统计，提高工业和市政用水计量率。配备工业及服务业取用水计量器具，全面实施城镇居民"一户一表"改造。建立节水统计调查和基层用水统计管理制度，加强对工业、生活、生态环境补水几类用水户涉水信息管理。

4. 推动合同节水管理、鼓励节水产业发展

创新节水服务模式，建立节水装备及产品的质量评级和市场准入制度，完善工业水循环利用设施，在公共机构、公共建筑、高耗水工业、高耗水服务业、供水管网漏损控制等领域，引导和推动合同节水管理。开展节水设计、改造、计量和咨询等服务，提供整体解决方案。同时，组织具有先进加工水平和较强技术开发能力的大中型企业发展节水工业，形成规范化和规模化生产能力，建立节水设备和设施的生产加工基地。支持节水产品设备制造企业做大做强，提升节水产品设备的市场竞争力。

5. 推行水效标识建设、实施水效领跑和节水认证

通过水效标识建设、水效领跑和节水认证等手段，激发节水市场的内生动力，推动城市水的生态循环。对节水潜力大、适用面广的用水产品施行水效标识管理。开展产品水效检测，确定水效等级，分批发布产品水效标识实施规则，强化市场监督管理，加大专项检查抽查力度，逐步淘汰水效等级较低产品。

5.2　主要目标

到 2025 年，节水型生产和生活方式初步建立，节水产业初具规模，非常规水利用占比进一步增大，用水效率和效益显著提高，全社会节水意识明显增强。万元国内生产总值用水量、万元工业增加值用水量较 2015 年分别降低 30% 和 28%，全国用水总量控制在 6700 亿 m³ 以内。全国污水收集效能显著提升，县城及城市污水处理能力基本满足当地经济社会发展需要，水环境敏感地区污水处理基本实现提标升级；全国地级及以上缺水城市再生水利用率达到 25% 以上，京津冀地区达到 35% 以上；工业用水重复利用、畜禽粪污和渔业养殖尾水资源化利用水平显著提升；节水政策体系和市场机制基本建立。

到 2035 年，形成健全的节水政策法规体系和标准体系、完善的市场调节机制、先进的技术支撑体系，节水护水惜水成为全社会自觉行动，全国用水总量控制在 7000 亿 m³ 以内，水资源循环利用达到世界先进水平，形成水资源利用与发展规模、产业结构和空间布局等协调发展的节水减排新格局。

5.3　关键技术

5.3.1　用水精准计量

在城市取水、输水、耗水等过程中，用水精准计量是减少水损耗的重要措施，是城市节水生态建设的重要保障。用水精准计量一般通过水量计量仪表的配备和管理来实现。

1. 高精度水量计量仪表

高精度计量仪表有以下几种类型：根据测量室充排次数以及充排水体积进行测量的容积式流量计，采用多叶片的涡轮转子的涡轮流量计，根据法拉第电磁感应定律测算的电磁流量计，依据传播速度差法测量的超声波流量计等。

通过高精度的计量器具对使用过程中的各种水量进行精细化计算，得到各个用水阶段准确的用水数据。通过准确的计量数据制定合理的水价标准，利用水价倒逼作用提高人们的节水意识，加强用水管理，合理规划利用城市水资源。另外，准确的计量器具间的精度校核和违法违章的用水侦查等，可以有效地提升供销率及其供水服务效能。

2. 计量设备与仪表的使用场所

从水源地到水厂的取水、水厂到城市管网的输水、城市管网向居民区输送饮用水、城市管网二次供水、大客户用水以及其他用水、城市排水收集送至污水处理厂、污水处理厂处理后排放等，每个环节的水量均不同。这些供水和排水管道均需设置各种水量计量表，其中，尤以用水计量表最为常见。

3. 用水精准计量管理

（1）供水单位应建立用水精准计量管理体系。体系内容包括：水表选型管理、水表检测更换管理、水表档案管理、产供销水量数据统计分析与管理等。

（2）水表选型管理可依据实际计量水量变化情况对水表进行选型及优化。

（3）水表检测应依据水表检测周期相关规定，实施水表的定期检测；更换管理应依据水表检测周期相关规定，实施水表的定期更换。

（4）水表档案管理应包括水表的名称、型号规格、准确度等级、常用流量、量程比、生产厂家、出厂编号、管理编号、安装使用地点、状态（指合格、准用、停用等）、首次检定时间及周期检定时间等内容。

（5）产、供、销水量数据统计分析管理应包括原水取水量、出厂水、输（配）水量、售水量数据统计、水表计量误差分析、产销差率统计与分析，依据分析结果完善工艺、管网及计量系统，有效进行产销差控制与管理等内容。

（6）用水单位应按供水单位的计量管理，对内部计量和贸易结算水表的安装、使用、检测、报废等进行管理。

4. 精准计量数据采集

（1）磁感式传感器计量

磁感式传感器计量的工作原理：①通过在叶轮上装设磁铁、微型干簧管等机构，使叶轮在水流冲击下转动；②传感器的信号传送至单片机处理，将机械累计计量转化为电脉冲信号，以实现频率脉冲计数，从而测量出用水量。

（2）电感式传感器计量

电感式传感器的计量原理：根据振动信号存在周期性衰减的规律，电感式传感器通过采集振动信号的衰减规律获得水量计量结果。该种传感器不需要采用磁激励，叶轮的机械阻尼相对较小，具有很强的抗干扰性，可以适应不同的水质，应用广泛。目前，随着线圈制作工艺和相关技术水平的提高，电感式传感器已逐渐发展为全无磁式电感传感器。

（3）光电式传感器计量

光电式传感器，根据发光管和接收管的安装形式分为光电反射和光电对射式，两者从水表数字化实现的原理上是完全相同的。主要是根据光的反射定律，固定激光管的位置，通过接收齿轮齿上或齿轮槽内反射的激光脉冲，解调后变为电脉冲信号的一种传感器。该种传感器通过计算齿轮转动一周内产生的电脉冲数来表征齿轮转动的情况。在水表外围安装光电传感器及相关电路，工作时通过光电位置传感器来判断各齿轮各位置的状态编码值后即得到了所需的流量信息。

5. 用水计量组合技术

在计量仪器或者设备的使用过程中，单一用水计量已无法满足现代化城市发展的需求，通过将基础计量仪表与其他先进技术结合，比如通信技术、数据处理技术等，根据各技术的特点进行工艺组合，形成集数据采集、传输与分析的用水精准计量体系，从而更好地使用和管理水资源，提高水资源利用效率。

目前，能与水量计量仪表组合的通信技术有以下几种类型：

（1）有线通信技术

1）RS-485 总线

RS-485 是一种采用半双工工作方式，支持多点数据通信的信息传输技术。采用平衡发送和差分接收方式实现通信，最大的通信距离约为 1219m，最大传输速率为 10Mb/s，传输速率与传输距离成反比，在 10kb/s 的传输速率下，可以达到最好的通信距离，也可以通过增加 485 中继器提高传输距离。RS-485 具有抗干扰能力较强、时序定位准确、支持多种速率、抗噪声干扰性、长的传输距离和多站能力等优点，是串行接口通信的首选。

2）M-Bus 技术

M-Bus 是一个主从层次化的系统，由一个主设备、若干从设备和 2 根连接线缆组成，主设备引出 2 根 M-Bus 总线，所有从设备都挂接在总线上，由主设备控制所有从设备和上位机之间的通信。

M-Bus 总线是一种专门为消耗测量仪器和计数器传送信息数据的总线设计，专门用于远程抄表的高可靠性、高速、廉价的家用电子系统总线。通信方式为半双工异步通信方式，信号下行时，电压调制；信号上行时，电流调制。相比于 RS-485 通信而言，每个设备之间都可以相互隔离，设备之间就不会相互干扰，抗干扰性能更强。

（2）无线通信技术

1）GPRS 通信

GPRS 是一种在全球范围内使用最为广泛的无线传输网络。它利用通信基站进行信号传输，可以有效解决远距离通信问题。GPRS 传输方式具有网络覆盖范围广、通信可靠性强、网络维护简单等优点。但是，此模式需要支付通信费用，通信成本较高。此外，GPRS 通信方式在休眠状态时消耗的电流仍会高达 10mA。即使不通信，也只能待机 12d，更换电池消耗的人力和资金将不小于人工抄表。所以即使 GPRS 流量费大幅降低，市场也暂时不能大规模安装带有 GPRS 通信技术的智能无线冷水水表产品。

2）Zigbee 通信

Zigbee 是一种新兴无线通信技术，成本、功耗、复杂度与传输速率均较低，具有网络自组自管的能力。Zigbee 支持三种自组织无线网络结构（星型、网状和膜状结构），其网状结构具有很强的健壮性和系统可靠性。因此，Zigbee 被普遍应用于近距离的联网通信。对于智能无线冷水水表，可以通过其无线系统，采用单一 Zigbee 网络模式或者 Zigbee 和其他技术的组合模式。Zigbee 具有成本低和设计简单的优点，在我国早期智能无线冷水水表的研究中占据重要的地位。

3）NB-IoT 通信

NB-IoT 是由 3GPP 标准化组织定义的一种技术标准，是一种专为物联网设计的窄带射频技术。其构建于蜂窝网络，只消耗大约 180kHz 的带宽，可直接部署于 GSM 网络、UMTS 网络或 LTE 网络进行通信，以降低部署成本、实现平滑升级。

4）LoRa 通信

LoRa 是由 Semtech 公司推出的低功耗广域网技术。LoRaWAN 定义了 LoRa 通信规范和使用 LoRa 作为长距离通信链路的物理层网络结构。该技术可以为电池供电的 LoRa 设备提供区域、国家或全球的网络，无须复杂配置即可实现设备的无缝操作。LoRaWAN 网络接收灵敏度可达−148dBm，数据传输速率范围为 0.3～50kbps。LoRa 通信技术具有比 Zigbee 适用范围更广、连接可靠性更高以及功耗不高的特点，在智能无线水表产品研发中应用日益广泛。

（3）技术系统应用

传统水表在使用过程中能够跟现阶段智能通信技术结合使用，组合成 LoRa 单表无线远传系统、NB-IoT 单表无线远传系统、LoRa 单元无线联网系统、NB-IoT 单元无线联网系统。

1）LoRa 单表无线远传系统

如图 5-3 所示，LoRa 单表无线远传系统由 LoRa 远传水表、LoRa 路由器、LoRa 集中器、抄表软件组成，整个系统信息采集均采用无线传输形式。

图 5-3　LoRa 无线远传系统示意

LoRa 单表无线系统适合安装在集中的老旧小区改造，水表安装在室外进行户外计量，不需要布线，安装方便。

2）NB-IoT 单表无线远传系统

如图 5-4 所示，NB-IoT 单表无线远传系统由 NB-IoT 远传表、NB-IoT 无线网络、终端服务器等组成。系统信息采集均采用无线传输形式，适用于不能布线的小区、别墅、农村等用户的远程抄表。

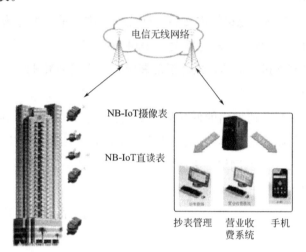

图 5-4　NB-IoT 无线远传系统示意

3）LoRa 单元无线联网系统

如图 5-5 所示，LoRa 单元无线联网系统由有线水表、有线传输通信、LoRa 集中器、GPRS 网络、终端服务器等组成。与 LoRa 单表无线联网系统不同，单元无线系统始端信息传输采用有线传输，再通过集中器处理转为无线传输，保留了部分有线传输，增强了系统稳定性。

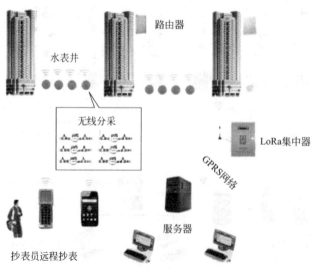

图 5-5　LoRa 单元无线联网系统

4）NB-IoT 单元无线联网系统

如图 5-6 所示，NB-IoT 单元无线联网系统，由计量水表、有线传输通信、NB 通信盒、NB-IoT 无线网络、终端服务器等组成。与 NB-IoT 单表无线联网系统不同在于数据采集过程保留了部分有线传输，增强了系统稳定性。

485转NB通信盒　　　　无线基站　　　　服务器　　抄表管理收费系统

数据采集　　　　　　数据传输　　　　　　数据管理

图 5-6　NB-IoT 单元无线联网系统

在水计量过程中，计量设备可根据不同的场景选择不同的组合方式，针对特点环境选择特定的计量系统，最大化利用仪器设备。

无线传输和有线传输均有各自的优缺点，如表 5-1 所示。

传输方式参考表　　　　　　　　　　　　　表 5-1

分类	有线远传水表		无线远传水表	
通信方式	M-Bus	RS-485	LoRa	NB-IoT
优点	系统稳定，维护率相对较低；接线方便，无极性	系统稳定，维护率相对较低；5V 供电，可支持电池	每 1024 个表一张通信卡，通信费较低；对信号覆盖无要求；无须布线，表端供电	无须布线，表端供电；安装简单；一拖多模式，降低成本
缺点	需要市电供电；需要布线	四芯接线，接线麻烦；需要布线	与 NB-IoT 相比，需要集中器和路由器，安装相对麻烦	通信费高；对安装环境有信号要求
适用场景	适用于新建小区和布线方便的小区		适用于不能布线的小区、别墅、农村等用户的远程抄表	

在计量设备的组合应用中，单表无线系统与单元无线系统都拥有着各自的优势，优缺点如表 5-2 所示。

单表无线与单元无线系统对比　　　　　　　　表 5-2

分类	单表无线远传水表	单元无线远传水表
无线模式	LoRa 或 NB-IoT	RS-485 转 LoRa，RS-485 转 NB-IoT
优点	不用布线，安装方便；无须供市电	部分保留了有线传输的稳定性；一拖多模式，降低单表成本；维护方便，减少后期电池更换的数量

续表

分类	单表无线远传水表	单元无线远传水表
缺点	单表表成本高	单元内需布线,安装相对较麻烦
适用场景	适用于现场不能布线的小区、别墅、农村等用户的远程抄表	适用于楼宇间无法布线的小区,以及后续有线升级无线的场合

传统的用水计量以水费计算、水费回收为目的,通常以吨为计量单位,抄表周期一般为1个月或2个月,缺乏根据用水规律进行配表合理性分析,对核算总表的计量准确性也很少进行周期校对,容易出现水表计量误差,给运营管理机构带来困扰。用水精准计量提升了水量漏损的计量精度,对后期水费管理提供支持。水表是用水计量的载体,通过准确计算用水量,便于运营管理机构将取水许可管理引入水资源保护及开发利用中,从而积极引导城市合理使用水资源,充分发挥水资源的经济价值,提高用水效率和效益,为城市节水生态建设做出积极贡献,促进人、自然和经济的和谐绿色发展关系。

5.3.2　管网漏损智能监测

随着智慧水务的发展,管网基础信息与运行监测数据得到不断完善,进一步推动了管网漏损控制技术的发展。目前,管网漏损智能监测技术主要有以下几种:基于 DMA 分区的光纤传感漏损监测技术、基于管网模型的漏损监测技术、基于数据驱动模型的漏损定位技术等。

1. 基于 DMA 分区的光纤传感漏损监测技术

DMA（District Metering Area）是指通过阀门操作和加装流量计等一系列措施,将供水系统划分为若干个具有永久性边界的、相对独立的区域。各 DMA 分区最小夜间流量（Minimum Night Flow，MNF）的变化,可用来分析该区域内的流量异常。

MNF 指在一定时间间隔内（如 15min）最小的流量,一般发生在凌晨 2：00～5：00。MNF 中漏失水量占主要比例。因此,通过分析 MNF 变化可间接判断漏失情况。基于 DMA 流量监测无法直接定位漏水点,因此可通过 DMA 分区监测判断新增漏损发生,并逐步缩小检测区域,再通过漏失监测仪直接定位漏水点。

根据原理不同,漏失监测仪可分为声学探测法及非声学探测法。声学探测仪器有听音棒、漏损噪声记录器等。非声学探测法被广泛应用于漏损定位,主要有智能球、探地雷达、热红外线成像、分布式光纤传感等技术。其中分布式光纤传感技术集传感与传输功能于一体,具备长距离实时诊断功能。

分布式光纤传感主要利用了光的干涉原理和散射原理。利用分布式光纤进行管道第三方入侵破坏识别,主要是利用光纤传感器对外界振动的监测、识别。目前使用的传感原理包括:干涉型光纤传感和散射型光纤传感。其中干涉型光纤传感有 Sagnac 干涉技术、Michelson 干涉技术、Mach-Zehnder 干涉技术,散射型光纤传感有 Φ-OTDR 技术、BOT-

DR 技术、ROTDR 技术。

在管道第三方入侵破坏识别中，散射型光纤传感原理结构简单，往往只需要布置单根传感光纤，在实际工程应用上更为简便；同时，散射型光纤传感原理采集的振动信号在解调和后期数据处理上比较简单，计算量更少，有利于实现管道第三方入侵破坏实时长距离在线监测。在众多散射型传感原理中，Φ-OTDR 相位敏感型光纤对振动敏感，定位精度高，是理想的用于管道振动入侵监测的传感原理。因此，在管网漏损监测应用上更多使用Φ-OTDR 相位敏感型光纤传感原理。

相位敏感型光纤传感技术（Φ-OTDR）是一种基于瑞利散射技术发展起来的光纤传感技术，其原理是利用传感光纤在受到扰动时，处于扰动点位置处的折射率会发生变化，从而影响其后向瑞利散射光强度，并以此来进行扰动点的定位与扰动模式识别，进而确定漏损点。

2. 基于管网模型的漏损监测技术

基于管网模型的漏损监测技术，是指先通过实时监控获得的压力和流量数据建立管网模型，然后使用数学模型、计算机算法等软件工具快速诊断漏损发生点位的技术。

目前，基于管网模型的漏损检测较为新颖和有代表性方法主要有：①采用灵敏度矩阵法识别单个漏损点；②采用优化校核法识别多个漏损点或漏损区域。

（1）灵敏度矩阵法识别单个漏损点

灵敏度矩阵法是在无漏损和单漏点工况下，通过计算机模拟管网的节点压力情况。通过构建"泄漏-灵敏度"矩阵，即管网节点压力灵敏度矩阵，储存含有测压点压力变化信息的漏损特征向量，在理论上评估管网不同位置，即管网模型不同节点发生漏损时对测压点压力监测值的影响，再将构建好的灵敏度矩阵用于分析目标管网区域内观测到的实际压力数据，最终达到定位漏水点位置的目的。

灵敏度矩阵法具有易理解、操作简单的优点，但在应用上也存在一定的局限性。灵敏度矩阵法仅适用于管网单漏点识别问题，在计算灵敏度矩阵元素时需要选择适宜的名义漏损量，当所选名义漏损量与真实管网中的实际漏损量不符时，识别结果可能出现较大偏差。因此，这类方法适宜在已估算实际漏损水量大小的前提下使用。

（2）优化校核法识别多个漏损点或漏损区域

优化校核法识别管网漏损，建立管网水力模型，管网中的漏水事件视为发生在管网模型某些节点上的喷射流，大小与射流系数以及节点压力有关；随后，将供水管网漏损识别问题视为一个优化问题——以漏损位置（模型节点索引）和漏损水量大小（节点射流系数）为决策变量，以最小化管网压力或流量实际监测值与模型模拟值的差值为目标函数，采用遗传算法等优化算法进行求解；根据求解结果中节点的射流系数判断节点漏损情况。

优化校核法具有易于理解、应用和推广的优点，与灵敏度分析法一样，都是利用管网水力模型进行分析计算。为保证漏损识别效果，在校核时需要高精度的水力模型，并且有足够准确的管网水力监测数据。

3. 基于数据驱动模型的漏损定位技术

数据驱动法是利用模式识别的原理，通过对样本特征进行提取、分析和处理，得到样本的类别属性。在供水管网中，安装在管网内的流量计、压力传感器等监测设备记录下反映管网运行状态的流量和压力等数据。当发生漏损事件时，管网中的水力监测数据或其他测量信号将出现不同程度的异常变化。通过构建数据驱动模型，对这种异常变化进行辨识和分析，判断管网的漏损状态，识别管网中的漏损点或漏损区域。

其中，采用数据驱动模型识别漏损的主要有人工神经网络、多级支持向量机、卷积神经网络以及支持向量机组合模型等方式。其中人工神经网络驱动模型以实时诊断、定位精准受到研究者的广泛关注。

人工神经网络（Artificial Neural Network，ANN）作为一种有着广泛应用的数据驱动模型，能够学习大量的输入与输出之间的映射关系，在模式识别、故障诊断、信号处理等多个领域取得了成功。在供水管网的漏损识别问题中，通过搭建人工神经网络，利用网络对训练样本的分析和学习，建立水力监测数据变化与管网漏损位置之间的联系，最后结合管网中的实际监测数据，找到管网中的漏损点。

目前，在管网漏损监测中运用人工神经网络驱动模型主要是 BP 神经网络。BP 神经网络模型采用 BP 神经网络深度学习预测漏损点位置，可实现较为准确的漏损点定位。当漏损发生时，管网中水流状态变化，压力检测点感知变化，通过神经网络深度学习在"管网压力变化"和"漏损点位"之间建立映射关系，将采集到的供水管网压力值与建立的映射网络进行对比分析，从而实现漏损点位定位的目的。

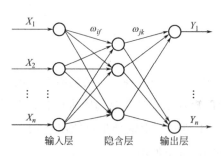

图 5-7　三层前馈型 BP 神经网络示意图

如图 5-7 所示，为一个典型的三层前馈神经网络。该网络的特点，是它能够将输入信号向前传输，输出值与真实值的误差再反向传递，经过不断调整 BP 网络的权值和阈值，从而使预测输出不断逼近理想期望值的过程。其中隐含层可以根据自己的试验设置设为多层。

多层前馈型 BP 网络采用误差逆传播法存储知识（即调整网络连接权值和节点阈值），将网络训练时输出层出现的与"理论"不符的误差，归结为连接层中各节点间连接权及阈值的"过错"。通过将输出层节点的误差逐层向输入层逆向传播以"分摊"给连接节点，从而可算出各连接节点的参考误差，并据此对各连接权进行相应的调整，使网络适应要求。当不同点出现漏损时，管网中水流状态发生变化，压力监测点和流量监测点即能感应到此变化。

由于真实管网的漏损情况复杂多样，很难全部作为样本进行训练，且人工神经网络在样本多的情况下容易出现局部收敛，因此 BP 神经网络模型在复杂管网中的应用具有局限性。人工神经网络在供水管网漏损中的应用，能协助管理人员迅速对漏损区域进行定位，缩减了故障诊断维修时间，但该技术现阶段发展并不成熟，缺少在实际复杂管网中的应用实例。

另外，大数据技术与人工智能技术的发展，为管网漏损控制数据挖掘提供了性能优异的算法。在数据与算法两方面的推动下，管网破损预测技术、管网漏损识别定位技术、管网漏损优化控制技术以及数据质量控制与漏损管理系统等方面得到了快速发展。研发更加高效的管网漏损探测与定位技术，降低管网漏损率，促进城市健康水循环，响应政府节水型城市建设有着积极的推动意义。

5.3.3　工业废水循环梯级利用

1. 循环梯级利用特点

工业废水的最终出路有：①返回到自然水体、土壤、大气；②经过人工处理后循环梯级利用；③隔离。其中，经过人工处理后循环梯级利用是一种处理后达到无害化排放，发展到处理后重复使用的处理方式，既满足了工业企业对水资源的需求，又减少了污水的排放，同时优化了城市水资源配比，缓解了城市用水压力，是控制水污染、保护水资源、节约用水的重要途径，促进了城市水资源的良性循环。

工业废水循环梯级利用技术主要包括循环用水与梯级用水。在水资源利用过程中，通过对某一行业中的各个用水系统对水源的水质、水量、温度等要求进行分析整理，按照用水系统分类确定用水级别，设计高效合理的供水方案。比如，钢铁、火电发电、造纸等高耗水行业，在生产过程中根据水质、水量、温度等因素对各用水系统精细划分，合理分配水资源。

2. 循环梯级利用典型案例

国家发展改革委办公厅与水利部办公厅联合印发的《〈国家节水行动方案〉分工方案》中，提出了高耗水行业节水增效。下面以山东省东营市胜利发电厂为例阐述循环梯级利用技术在高耗水行业中的运用。

（1）基本情况

胜利发电厂建于 1988 年，是胜利石油管理局的自备电厂，也是目前中国石化最大的发电企业，担负着油田生产、生活用电和集中供热任务。胜利发电厂有 5 台热电机组，设计需水量为 7.3 万 m^3/d，蒸发水量 6.2 万 m^3/d，消耗量为 6476m^3/d，排放量为 4560m^3/d，年消耗原水大约在 2000 万 m^3 以上。

（2）建立循环梯级利用等级

根据胜利发电厂水质分析，结合电厂各生产用水、排水指标统计情况对厂区水系统进行等级划分，建立循环梯级应用模型，如图 5-8 所示。

入厂的辛安水、耿井水的原水为一级水；利用过的工业废水、生活废水、含煤废水与水处理冲洗水为二级水，其中含煤废水单独回收循环使用；工业废水、生活废水与水处理冲洗水集中收集处理后储存在回用水池，和水处理反渗透浓水为三级水；一、二期循环水

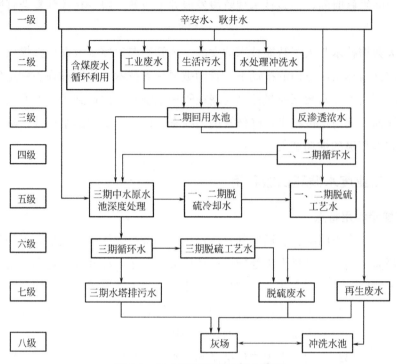

图 5-8　发电厂循环梯级用水模型

为四级水；一、二期循环水排污水收集至三期中水原水池进行深度处理，与一、二期脱硫公用冷却水和一、二期脱硫工艺水为五级水；三期循环水、三期脱硫工艺水为六级水；三期水塔排污水、脱硫废水与水处理再生废水为七级水；三期水塔排污水、脱硫废水直接排至灰场，水处理再生废水冲渣后排至灰场，灰场水因含盐量高，为八级水。

（3）循环梯级用水途径

根据循环梯级用水分析，结合胜利发电厂实际用水情况进行优化改造，打通全厂循环梯级用水途径。

1）梯级利用

胜利发电厂按照水系统分级原则，针对各级用户对水质的不同要求及各级用户排放的废水指标开展研究，与合适用户重新匹配，实现了水库来水、工业废水及生活污水、1～4号冷却塔排污水、脱硫及空压机系统冷却水排水、脱硫工艺水补水、脱硫废水等从优到劣的水资源梯级利用。

① 辛安水、耿井水梯级利用

辛安水、耿井水为水库来水，水质较好，除满足一、二期循环水补给水外，主要给化学一、二期水处理制水补水使用，同时作为少量转机设备的冷却水及全厂消防用水水源，在内部循环后，全部回收到工业废水池。

② 一期工业废水、生活废水及雨水梯级利用

一期燃料污水泵房工业污水池、生活污水池进行彻底隔离，分别布设 *DN*200 碳钢管

线，一期工业废水、生活污水分别通过工业污水处理设施、生活污水处理设施进行处理，回收至二期回收水池，经回用水泵输送至 3 号、4 号水塔，作为水塔补充水使用，实现再利用。增设阀门组，实现 2 条管线定期切换运行。一期工业废水、生活废水及雨水梯级利用如图 5-9 所示。

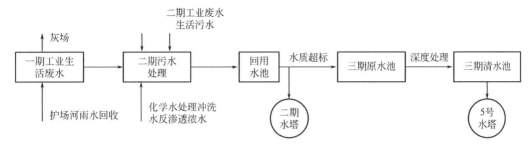

图 5-9　一期工业废水、生活废水及雨水梯级利用流程图

③ 一、二期循环水排污水梯级利用

循环水补水进入系统后即成为电厂循环水，随着冷却塔不断蒸发散热，系统中保有水量逐渐浓缩，水的浊度和氯离子含量增加，水质逐渐劣化，对机组循环水系统尤其是凝汽器腐蚀损坏增强。为保证循环水系统设备运行安全，当循环水水质超过此指标时，再进行循环水补水、排污换水工作。

④ 三期清水的梯级利用

胜利发电厂一、二期脱硫区域设备冷却水和空压机冷却水一直使用水库来水即一级水，流量在 $200m^3/h$ 左右，水量消耗大。

三期清水池来水主要为由一、二期工业废水、生活废水、水塔排污水经处理的后来水，以及辛安原水补充水。

如图 5-10 所示，通过系统改造，用三期清水完全替代原二期工业水，用于一、二期脱硫系统冷却水、空压机冷却水等，每天可替代工业水 $5000m^3$，冷却水回水回收至一、二期脱硫工艺水箱替代一、二期循环水作为脱硫工艺水；三期清水浊度低于水库原水，也会提高设备冷却效果，减少冷却器清理工作量。

⑤ 脱硫废水梯级利用

为维持脱硫装置循环系统物质平衡，脱硫系统须排放一定量的废水。脱硫废水成分复杂，主要包括悬浮物、过饱和亚硫酸盐、硫酸盐以及重金属，其中很多是国家环保标准要求严格控制的第一类污染物。脱硫废水已不可回收利用，胜利发电厂未将其简单外排，而是继续利用，首先作为锅炉干渣、干灰外运时拌湿使用，防止拉运时扬尘，其次与干灰按 1：3 比例混合制作成粉煤灰浆，作为营海建材制砖原料。

2）循环利用

胜利发电厂按照水质分级原则，将灰场存水、含煤废水列入不再进行梯级利用的废水

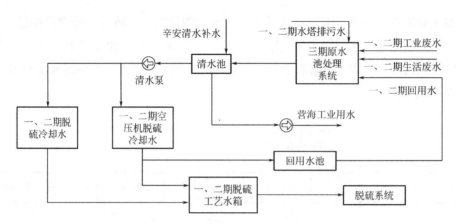

图 5-10 三期清水循环梯级利用流程图

等级。通过系统改造，使这部分废水形成独立的闭式循环系统，强化其功能性，使之重复进行灰渣系统、输煤系统冲洗，同时控制其他水源进入该系统，从而形成了闭式循环的运行方式，达到废水通过煤场、灰场蒸发效果，最终实现自然消耗的目标。

① 灰场回收水循环利用

灰场回收水经雨水稀释后，氯离子含量 2000mg/L、硬度 30mol/L 左右，通过 4 台灰场回收水泵送回厂内，总量约 670m³/h，替代一、二期锅炉冲灰、冲渣、水封用水。灰场回收水循环利用如图 5-11 所示。

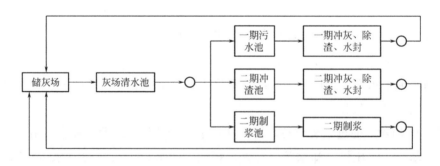

图 5-11 灰场回收水循环利用流程图

② 含煤废水的循环利用

胜利发电厂输煤系统冲洗，每天约产生 200m³ 含煤废水，这些废水排入电厂水处理系统后，将会污染电厂工业用水 1200m³，一方面造成资源浪费，另一方面排到灰场造成环境污染。

在原来含煤废水收集系统基础上，对系统进一步实施改造，输煤系统含煤废水全部回收至一级沉淀池；经过简单沉淀后，经污水泵输送至二级沉淀池进行二次沉淀；二次沉淀后的污水，由中水泵输送至处理罐，途中通过加药泵投入絮凝剂和助凝剂；处理完成后的水经过罐顶溢流口进入清水池，并作为输煤系统的冲洗水水源。含煤废水循环利用如图 5-12 所示。

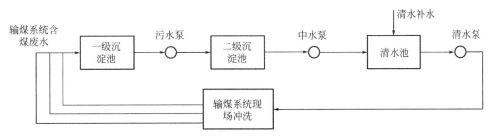

图 5-12　含煤废水循环利用流程图

（4）经验成效

对标国家相关部委下发的《重点工业行业用水效率指南》要求，根据发电水耗先进值加权计算，2018 年，胜利发电厂年一、二、三期机组发电总取水量为 1618 万 m³，而实际总耗水量为 1577 万 m³，低于国家规定指标，全厂基本实现了废水零排放。与 2017 年相比，环比水费支出减少 281 万元、减排节约缴费 254 万元，厂用电量费用节约 734 万元，合计 1269 万元，技术改造总投入仅为 300 万元。其做法对火电厂，特别是缺水地区的燃煤电厂节水降耗减排实现零排放，有较大的推广应用价值。

5.3.4　城镇污水生态循环利用

城镇污水生态循环利用技术，可将污水转化为可利用的水资源，作为城市杂用水水源和工业用水水源。将污水进行资源化利用，替代常规水资源，用于工业生产、市政杂用、居民生活、生态补水、农业灌溉、回灌地下水等，以及从污水中提取其他资源和能源，对优化供水结构、增加水资源供给、缓解供需矛盾、减少水污染和保障水生态安全均具有重要意义。

1. 再生水生态补水

城市水环境不断恶化，生态水量不足和水环境退化已经成为城市河流面临的重要问题。确定河道水量、维持河道生态需水量，是解决河流生态退化问题的重要途径。维持生态需水量是保障河流生态系统健康的前提。

广义的生态需水量是"维持全球生物地理生态系统水分平衡所需的用水量，包括水热平衡、水沙平衡、水盐平衡等"；狭义的生态需水量是"为维护生态环境不再恶化并逐渐改善所需要消耗的水资源总量"。

目前，常见的雨源型河流，其径流量主要来自本区域降雨，有雨则产流，无雨则基本断流。补水是恢复其生态功能、维持其生态需水量的重要措施。将城镇污水处理达标后回用于河道作为补水水源，需确定生态需水量。生态需水分为河道内生态需水和河道外生态需水。传统的生态需水量计算方法有水文学和水力学方法等，但该方法过于简化河流实际情况，没有考虑面源污染的影响及污染物的降解，通常被用于对其他方法的粗略验证。随着实际需求增加，河道生态需水的理论研究及实践应用不断完善，目前被广泛认可的工作步骤是从河湖生态保护对象的用水需求出发，寻求量化表征的指标（生态基流、敏感期生态需水），分区分类建立控制断面生态需水目标体系等。

由于生态补水量涉及面广，且生态服务对象众多，对其进行量化计算和管控较为困难。目前，国内通常采用"以需定供"的思路，即在计算河流生态需水的基础上确定合理的生态补水量。根据河流的生态环境功能，将河流生态需水量划分为五部分，即：河流水面蒸发和河道渗漏用水量、河流基本生态需水量、防治河流水质污染的生态需水量、维持水生生物栖息地生态平衡需水量、维持河流系统景观及水上娱乐需水量。

生态补水是解决城市河流水源水量不足问题的关键。利用处理达标的城市污水作为河道补充水，降低污水排放量，同时提高城市河流的纳污能力，保障河道生态蓄水量，维持河道基本生态基流，使水资源在城市循环使用中良性发展，提升城市水的生态循环能力。

在确定补水点的位置时，要考虑河道补水的连贯性，优先将补水点定在各河道的始端，同时为了确保补水水质，在补水点位可以考虑增加活水循环措施。

根据河道生态需水量的计算结果和河道水环境治理目标的补水要求，综合考虑污水处理厂位置、补水泵站布置与管网铺设等要求，选择适当的补水方案。

河道生态流量的保障程度与河道内外的用水需求及管理密切相关。在实际工作中，控制断面生态流量的考核要求往往与实测流量相差较大，导致补水效率低下甚至无效，因此在确定方案后，需要对方案进行可行性研究，以保证整个过程中河道不断流的生态基流作为基本要求，同时能够满足不同河道的景观用水量。

2. 中水回用

（1）中水回用系统组成

"中水"的定义具有一定的多样性，它既是指污水工程中的"再生水"，也是工程生产过程中的"回用水"，同样也是水经净化处理后达到水质标准可被重复使用的非饮用杂用水的总称。按照供水的范围不同，中水回用系统可以分为城镇中水系统、建筑中水系统以及小区中水系统等。

1）城镇中水系统。将城市中产生的生活污废水进行合理的收集处理，并对其水质进行控制，通过多种措施使经处理过的污废水水质符合城镇部分用水需求，如冲厕、灌溉、绿化、冲洗道路等，提高水资源的利用效率。

2）小区中水系统。充分利用小区产生的污废水，促成经济效益最大化，将能利用的污水经再生处理后应用在冲洗、绿化、景观以及消防中，将不能再生利用的污水排放至城市污水管网。

3）建筑中水系统。涵盖了原水存储、处理以及供给等环节，包括了小区中水系统以及建筑中水系统，两种系统的区别主要在于污废水收集范围和中水供应范围。

（2）中水水源

城市的中水水源主要为生活污水、生活废水以及冷却水等。按照中水水源水质情况，可以划分为：杂排水、低质杂排水、高质杂排水。其中，高质杂排水主要指的是盥洗、空调系统和沐浴排水等；低质杂排水则主要指的是冲便以外的生活排水组合，污染程度中等；杂排水则主要指的是全部的生活排水，污染程度最高。

（3）典型中水回用技术

1）活性炭吸附技术

活性炭因其极大的比表面积而对微量污染物有良好的吸附作用。污水在重力作用下通过一定厚度的活性炭介质，去除水中臭味、重金属、溶解性有机物、放射性元素及消毒副产物等。但该技术对进水水质要求较高且活性炭在吸附一段时间后达到饱和，需进行清洗后才可重复利用。因此，活性炭吸附一般作为微污染污水的预处理工艺或污水二级处理后的深度处理工艺。

2）物理化学技术

物理化学技术是当前最热门的中水回用技术之一，主要流程如图5-13所示。与传统工艺相比，该技术具有流程较短、设备简单、可间歇运行、无须污泥处理、管理维护方便、出水水质较高等优势，但也有对进水水质要求较高、运行成本偏高等缺点。

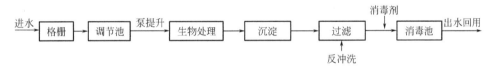

图 5-13　生化与物化组合处理工艺流程

3）生物处理技术

在中水回用过程中，常规生物处理技术的应用并不多，因为其出水水质不易达到回用标准，多采用生物处理法与其他技术联用的方式，主要包括好氧生物法、厌氧生物法及氧化沟、氧化塘等工艺。较为常用的生物接触氧化工艺流程如图5-14所示，该技术适用于有机物相对含量较高的杂排水和集约化程度较高的中水回用工程，具有耐冲击负荷能力强、出水水质高、运行成本低、运行较为稳定、剩余污泥量少、操作维护简单等优点。

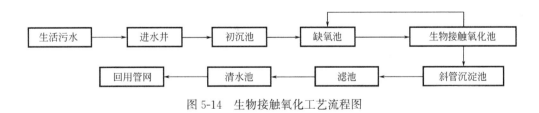

图 5-14　生物接触氧化工艺流程图

4）膜分离技术

常见的膜分离技术有纳滤、超滤、微滤、反渗透和电渗析等。该技术具有设备简单、能耗较低、SS去除效率高、无二次污染等优势，被视为21世纪建筑中水回用技术中最具应用前景的水处理技术之一。相较于传统分离工艺，该技术能够在常温下操作且无相变，出水水质高且稳定。但其缺点在于膜的生产技术要求较高，膜易被污染，不易清理，故工艺建设成本及使用成本均较高。

5）膜生物反应器处理工艺

膜生物反应器（MBR）处理工艺兼具膜分离技术和生物处理技术的优点，集膜分离、生物反应、好氧过程、曝气于一体，具有体积紧凑、结构合理、节省占地面积、运行管理简便、出水水质较高、受水力负荷变动影响小、可实现自动化控制等优势。因此，该工艺在景区、公园、小区及工业园区的中水回用项目中得到了广泛应用。生活污水中水回用典型工艺流程如图 5-15 所示。

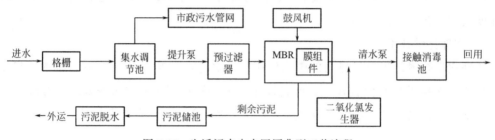

图 5-15　生活污水中水回用典型工艺流程

根据膜组件和生物反应器不同的组合方式，可以将其分为三种类型，包括分置式膜＋生物反应器、一体式膜＋生物反应器和复合式膜＋生物反应器。

6）生物滤池处理工艺

生物滤池是由碎石或塑料制品填料构成的生物处理构筑物，污水与填料表面上生长的微生物膜间隙接触，使污水得到净化的生物处理技术。生物滤池处理效果好，不产生二次污染，且微生物能够依靠填料中的有机质生长，无须投加营养剂，生物滤池缓冲容量大，能自动调节浓度，使微生物始终正常工作，耐冲击负荷的能力强。生物滤池可以采用全自动控制，基本实现无人操作，而且非常稳定。

7）人工湿地处理技术

人工湿地处理法具有工作效率高、运行管理方便、技术要求低、投资成本小、可行性高等优点，加之人工湿地本身存在一定的景观价值和社会价值，故采用人工湿地处理法进行中水回用，不仅可以有效地提高水资源的利用效率，改善水环境，而且极其符合国家生态文明建设的要求和现代社会的发展需求。

人工湿地植物可选用纸莎草、风车草、美人蕉、香蕉杉等多种水生景观植物，其典型工艺流程如图 5-16 所示。

图 5-16　人工湿地典型工艺流程

5.3.5　海水淡化技术

海水淡化是从海水中获取淡水的技术和过程。这是通过物理、化学或物理化学方法等实现的。其主要途径有两条，一是从海水中取出水的方法，二是从海水中取出盐的方法。前者有蒸馏法、反渗透法、冰冻法、水合物法和溶剂萃取法等，后者有离子交换法、电渗析法、电容吸附法和压渗法等。目前为止，实际规模应用的有反渗透技术、蒸馏技术和电渗析技术。

1. 反渗透技术

反渗透（Reverse Osmosis，RO）技术起源于 20 世纪 50 年代，并于 20 世纪 70 年代在商业上开始得到应用，由于其能耗低的特点，得到飞速发展，目前在全球海水淡化技术应用中占主导地位。

反渗透技术又称为超过滤技术，利用只允许溶剂透过不允许溶质透过的半透膜将海水与淡水分离开。在通常情况下，淡水通过半透膜扩散到海水一侧，从而使海水一侧的液面逐渐升高，直至一定的高度才停止，这个过程为渗透。反渗透技术的最大特点是节能。它的能耗仅为电渗析法的 1/2，蒸馏法的 1/40。

与传统水处理技术相比，反渗透技术具有工艺简单、操作方便、易于自动控制、无污染、运行成本低等优点，是当今较先进、较稳定且有效的除盐技术。目前，采用反渗透膜进行海水淡化是最经济而又清洁的方法。

由于海水中含有大量杂质，在运用反渗透技术时需要对海水进行预处理，因此，反渗透技术一般需要与其他过滤技术组合使用。常见的组合工艺有超滤＋两级反渗透、砂滤＋反渗透、多级过滤器＋反渗透。以广东惠州碧海源科技有限公司海水淡化工艺为例，其主要工艺流程采用"多级过滤器＋反渗透"处理工艺。

广东惠州碧海源科技有限公司海水淡化工艺流程如图 5-17 所示。在海水池中加入杀菌剂，通过增压泵对海水进行输送，加入絮凝剂和助凝剂于隔板絮凝沉淀池进行海水预处理；絮凝池沉淀池出水后进入超滤池，进一步去除悬浮物，浊度降低至 1NTU 以下，SDI 降低至 3 以下，满足反渗透进水要求；超滤出水加入还原剂和阻垢剂后进入反渗透系统，进行脱盐，得到淡水、纯水及浓盐水；反渗透浓水进入晒盐场。

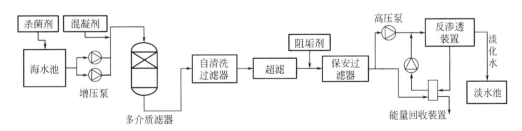

图 5-17　海水淡化工艺流程典型示意图

2. 低温多效蒸馏技术

低温多效蒸馏（Low Temperature MED，LT-MED）技术是指盐水的最高蒸发温度不超过70℃的海水淡化技术。其特征为将多个蒸发器串联起来并分成若干效组，蒸汽输入后，经过多次的蒸发和冷凝从而产生淡水。LT-MED 工艺流程按照进料海水和蒸汽流动方向的异同可以分为逆流、顺流和平流，其中海水淡化工业上广泛应用的 LT-MED 系统为平流式结构。平流式 LT-MED 工艺流程如图 5-18 所示。

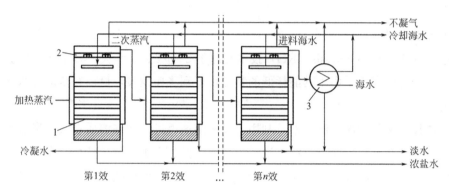

图 5-18　平流式 LT-MED 工艺流程示意
1—水平管降膜蒸发器；2—除雾器；3—冷凝器

技术适用性如下：

（1）最高蒸发温度较低的条件下有利于减缓腐蚀和结垢。

（2）产水量可调节设置为设计产水量额定值的 40%～110%，操作弹性大。

（3）输送海水所需要的动力消耗小，换热管的传热系数高。

（4）较低的最高蒸发温度限制了热效率的提高，换热管外壁容易结垢，需要定期清洗，以维持系统的高效稳定运行。

3. 多级闪蒸技术

多级闪蒸（Multi-Stage Flash，MSF）的技术原理为将原料海水预热到一定温度后进入闪蒸室，闪蒸室内的压力控制在低于热海水温度所对应的饱和蒸汽压力，海水由于过热而急速蒸发（闪蒸），从而产生蒸汽，蒸汽冷凝后即为所需的淡水。MSF 系统可分为直流式和循环式，其中，循环式 MSF 应用最为成熟。循环式 MSF 工艺流程如图 5-19 所示。

技术适用性如下：

（1）加热和蒸发过程分开进行，不容易结垢。

（2）预处理简单，产水质量高。

（3）系统运行范围为设计产水量额定值的 80%～110%，操作弹性较大。

（4）系统操作温度比较高，结构材料腐蚀倾向大，泵的动力消耗也比较大。

反渗透（RO）技术由于显著优势得到大量推广。在其他常用海水淡化技术中，多级闪蒸（MSF）技术、低温多效蒸馏（LT-MED）技术也有着独特的优势。在应用过程中，

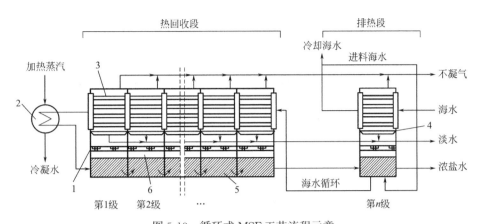

图 5-19　循环式 MSF 工艺流程示意

1—除雾器；2—盐水加热器；3—冷凝管；4—淡水托盘；5—盐水池；6—闪蒸室

不同的技术有着不同的优势，在应用过程中需要根据不同的实际情况选择海水淡化工艺，三种常用海水淡化技术选用对比参考如表 5-3 所示。

常用海水淡化技术比较　　　　　　　　　　　　　　　表 5-3

技术	优点	缺点	水回收率	操作温度(℃)
反渗透(RO)技术	反腐蚀性能好,设备成本低;设备串联性强,运行温度适宜(<40℃)	运行成本高,原料水预处理要求高,产品水质低,运行压力高	≤50%	<45
多级闪蒸(MSF)技术	反腐蚀和清洁方案领先,淡化水质范围广,装机容量大,使用寿命长	设备投资大、能耗高,运行温度高(80～90℃),盐去除率不高,对材料要求高	≤20%	90～112
低温多效蒸馏(LT-MED)技术	防腐蚀性好,产品水质好(<5mg/L),单台设备装机容量大,设备易操控	成本中等,易结垢	≤40%	65～70

海水淡化技术是解决城市水资源危机最具前景的技术之一。开展海水资源利用，对于缓解沿海城市水资源短缺，提高水资源利用效率，促进水资源节约保护，推动循环经济和实现绿色发展都具有重要意义。

5.4　应用实例

5.4.1　广州市国家节水型城市建设

广州市是广东省省会，也是广东省政治、经济、科技、教育和文化中心；国家重要的中心城市、国际商贸中心、综合交通枢纽；具有 2200 多年历史，古代海上丝绸之路的始发地；中国历史最悠久且唯一从未关闭过的对外通商口岸；素有"千年商都"的美誉；气候宜人，森林覆盖率达 42.14%；被联合国评为"国际花园城市"；获联合国改善人居环境最佳范例奖。

近年来，广州市深入学习贯彻习近平生态文明思想，坚决践行以"节水优先"为首要内容的新时期治水思路，把节水减污作为增强粤港澳大湾区区域发展核心引擎功能、实现老城市新活力"四个出新出彩"的主攻方向，坚持走节约水资源、保护水资源的道路，推动城市节水工作从"全民行动"到"全面见效"，着力推动用水方式从粗放向节约集约转变，开创全民合力节水新局面。

1. 建设背景

广州多年平均人均本地水资源量为 514m³，仅为广东省人均水资源量的 1/3，属于缺水型城市。在水资源问题上，广州市仍然面临不少挑战：呈现"三低、两高、一慢、一差"特点，具体来说，工业、农业用水效率偏低，阶梯水量偏高、水价偏低，城镇供水管网漏耗偏高，再生水利用工作进展慢，社会节水意识差等问题。因此，开源节流、提高水资源节约水平，是广州实现绿色低碳、可持续发展的必然要求。

（1）工业用水效率偏低

2018 年广州市工业用水量为 34.79 亿 m³，占总用水量的 54%；其中直流式火电冷却用水 21.13 亿 m³，占总用水量的 33%。按含火电用水计算，广州市万元工业增加值用水量为 62m³，是广东省平均水平的 2.4 倍，排名倒数第四；按不含火电用水计算，广州市万元工业增加值用水量为 24m³，比全省平均水平高出 41%，排名倒数第八。

（2）城镇供水管网漏耗偏高

2019 年广州市公共供水管网漏损率 8.46%，其中越秀、荔湾等老城区公共供水管网漏损率 10.71%，在广东省处于偏高水平。主要原因是广州市中心城区 50 年以上管龄和高风险供水管网长达 170km，但受交通、道路开挖审批等影响，改造进展缓慢。

（3）阶梯水量偏高、水价偏低

广州市中心城区一级阶梯水量 26m³/月，在全国 19 个副省级城市排名第一、粤港澳大湾区 9 个城市排名第二；2019 年，广州市一级水价 1.98 元/m³，在全国 19 个副省级城市中排名倒数第五，仅高于杭州市（1.90 元/m³）、上海市（1.75 元/m³）、南京市（1.62 元/m³）和武汉市（1.37 元/m³）。

（4）再生水利用工作进展慢

广州市再生水利用工作起步较晚，相关规划和配套政策尚未出台，利用方式单一（大部分用于景观和生态补水，中心城区仅 0.35% 用于厂内回用），与北京、天津、青岛、苏州等城市相比存在一定差距。

（5）社会节水意识有待提升

广州市相当部分市民对节水工作的认识存在偏差，"广州不缺水"的思想根深蒂固，未形成全社会齐抓共管、人人节水的良好氛围，节水型生产生活方式有待建立。2018 年全市人均年综合用水量达 438m³/年，比全省平均值高出 17%；城镇居民生活人均日用水量达 200L/d，比全省平均值高 11L/d。

2. 建设目标

（1）总量控制

到 2025 年，全市年用水总量控制在 49.52 亿 m^3 以内；完成大坦沙净水厂、西朗净水厂、沥滘净水厂、竹料净水厂、石井净水厂、大沙地净水厂等六项生态补水工程一期项目，再生水利用率达到 25%；各区完成一项以上公共建筑生活污水中水回用示范项目，城市建成区雨水资源利用率达到 3%，公共绿地节水灌溉面积达到 20% 以上，非常规水源利用量明显提升。到 2035 年，全市年用水总量控制在 49.52 亿 m^3 以内；完成大坦沙净水厂、西朗净水厂、沥滘净水厂、石井净水厂、大沙地净水厂等五项生态补水工程二期项目，再生水利用率达 30%，非常规水源利用量显著提升。

（2）效率提升

到 2025 年，白云、从化、花都、黄埔、南沙、增城区建成工业园区再生水梯级循环利用项目。万元 GDP 用水量、万元工业增加值用水量分别较 2017 年下降 30% 和 25%。到 2035 年，万元 GDP 用水量、万元工业增加值用水量分别较 2025 年下降 25% 和 20%。

（3）体制健全

到 2025 年，火电、钢铁、纺织、造纸、石化和化工、食品和发酵等高耗水行业达到国内先进定额标准。节水型社会制度建设成效显著，节水制度与考核机制初见成效，水价水市场改革取得重要进展。到 2035 年，在广州市建成健全的节水管理体系、制度体系和技术推广服务体系，建立起适应社会主义市场经济体制的节水运行机制和节水产业。

（4）能力提升

到 2025 年，实现大用户智能水表覆盖率 100%，抄表到户率 90% 以上；水资源监控能力建设基本完成。2035 年，建立分区计量与漏损控制长效机制，有条件的供水企业实现中小用户智能水表覆盖率 30% 以上、抄表到户率达到 100%（用户不愿移交、产权有纠纷或未完成改水的城中村除外）。水资源监控能力达到全国先进水平，建成智慧水资源和供节水管理信息系统。

（5）节水意识增强

到 2025 年，全市公共机构节水型单位建成率达到 60%，节水型居民小区覆盖率达到 15%，节水型企业覆盖率达到 20%。全民节水意识普遍增强，节水投入机制逐步完善，基本建成节水型社会。2035 年，全民节水忧患意识全面提高。全市公共机构节水型单位建成率达到 80%，节水型居民小区覆盖率达到 20% 以上。节水型企业覆盖率达到 25% 以上。

3. 建设策略

（1）工业节水策略

1）加强火电节水工作

火电用水占广州市用水比例较大，主要为直流式火电冷却用水。督促火电企业定期开展水平衡测试、用水诊断等节水评估工作，严格计划用水管理。对广州恒运热电厂、广州珠江电厂、中电荔新热电厂、广州华润热电厂、黄埔电厂等电厂火电开展直流冷却水循环改造项目,提高火电厂用水循环利用率。

2)推进工业企业水平衡测试

通过水平衡测试,分析企业用水现状合理性,找出用水节水的薄弱环节,采取相应措施,挖掘节水潜力,达到加强用水管理的目的。根据《广州市计划用水管理办法》,督促月均用水 5000m³ 以上的工业企业定期开展水平衡测试,鼓励其他工业企业定期开展水平衡测试,提出节水整改方案,测试结果作为取水许可和计划用水审批的重要依据。

3)严格高耗水、高污染产业准入条件,加大高耗水行业节水改造力度。严控"两高"行业新增产能,制定严格的产业准入目录,完善国家和省鼓励类、淘汰类工业用水工艺、技术和设备目标。对位于水污染严重地区实行高耗水、高污染行业的负面清单准入制度。对重点行业严格实施用水定额管理,按期淘汰高耗水落后工艺、设备。

4)推行水循环梯级利用

推进现有企业和园区发展以节水为重点内容的绿色高质量转型升级和循环化改造,加快节水及水循环利用设施建设,促进企业间串联用水、分质用水、一水多用和循环利用。

(2)生活节水策略

1)推进供水管网改造,降低漏损率

加快推进城镇供水管网改造,对使用超过 50 年的老旧供水管网和材质落后的高风险供水管网进行更新改造,消除水质、水压隐患。

2)推进城镇供水管网分区计量管理

建设供水管网漏损控制系统,对管网巡查探漏、分区 DMA 计量、流量和压力数据等进行统一管理,提升漏损控制水平。加快推进智能水表改造计划,扩大分区计量校核智能水表和非居民用户智能水表覆盖率,要求居民用户智能水表覆盖率不低于国内一线城市。

3)加快推进"一户一表"改造,全面实施居民用水阶梯水价

加大各区投入,多渠道筹集资金,限期完成"一户一表"改造。对新建住宅严格按照国家标准要求,设置分户水表。各区督促、协调建成区内现状仍采用"总表"供水模式的住宅小区、楼房进行"一户一表、独立计费"改造,全面实施居民用水阶梯水价。

4)推动合同节水管理

创新节水服务模式,研究制定合同节水管理政策措施,在高校、医院、高耗水工业、公共管网漏损控制等重点领域,引导和推动合同节水管理。

(3)非常规水源利用策略

1)加快污水处理厂提标改造,推进污水再生利用,提高污水排放标准,要求全市 46 座城镇污水处理厂(设计规模 488.68 万 t/d)出水达到《城镇污水处理厂污染物排放标准》GB 18918—2002 一级 A 标准及广东省地方标准《水污染物排放限值》DB44/26—2001 的较严值;全市城镇污水处理厂出水氨氮年均浓度均不超过 1.5mg/L;污水处理厂提标改造完成后出水水质将大幅度提升,出水主要用于生态补水、厂内用水。

2) 推进再生水梯级循环利用

对工业生产、城市绿化、道路清洗、车辆冲洗、建筑施工、消防、河道生态补水等用水优先使用再生水。将现状洒水车、市政、园林绿化等用水水源调整为提标改造后的污水处理厂出水，促进城市再生水利用。

3) 雨水集蓄利用

结合海绵城市的建设发展，鼓励单位、社区和居民家庭安装雨水收集装置。推广透水技术，建设雨水花园、储水池塘、下凹式绿地、湿地公园、屋顶绿化等雨水滞留设施，促进雨水资源有效利用。

4) 充分利用海水资源

要求高耗水行业和工业园区用水要优先利用海水。南沙区等地区适时启动沿海的工业园区微咸水、咸水相关的水资源利用项目，推进火电厂循环用水改造，提高水循环利用率。

（4）环境生态节水策略

1) 加快推进黑臭水体治理

实施《广州市治水三年行动计划（2017—2019 年）》《广州市水污染防治强化方案》《广州市全面剿灭黑臭水体作战方案》，各区全面剿灭黑臭水体。

2) 推进海绵城市建设

针对建成区、新区、各类园区、成片开发区的不同特点稳步推进海绵城市建设，实现"小雨不积水、大雨不内涝、水体不黑臭、热岛效应有缓解"的海绵城市建设目标。

4. 经验成效

2021 年 1 月，经过住房城乡建设部、发展改革委组织专家预审、现场考核、综合评审及公示，广东省广州市成为第十批（2020 年度）国家节水型城市一员。

（1）管网漏损控制方面

2017～2018 年，广州市主城区内 25 项考核指标均达到国家节水型城市考核要求。其中，城市公共供水管网漏损率下降至 9.62%，再生水利用率达 25.3%，市场在售及公共建筑节水型器具普及率达 100%，节水型企业、单位和社区的覆盖率分别达到 30.53%、12.35% 和 14.09%。2019 年 6 月，广州通过省住房和城乡建设厅验收，获评"广东省节水型城市"。2019 年，广州市完成 44 条城中村自来水改造，9.1 万户老旧小区和国有企业职工家属区供水设施改造，全市供水管网漏损率下降至 9% 以内。2020 年广州市公共供水管网漏损率为 8.54%，虽然已达到国家节水型城市（漏损率低于 10%）的要求。

（2）工业节水方面

广州坚持以水定产、以水定城，大力推进工业节水改造，推动高耗水行业节水增效，推进企业和园区开展水循环梯级利用，对钢铁、火电、纺织染整、造纸、石化、食品等用水较多行业实施调控，引导相关行业采用技改的方式实施节水。2019 年，广州市万元工业增加值用水量较 2018 年下降 5.3%，比 2015 年下降 30.5%；万元 GDP 用水量比 2015

年下降 27.2%。

广州积极推行企业和园区开展水循环梯级利用，工业企业成为节水减排的"主力军"。位于广州南沙区的广州华润热电厂采用循环冷却工艺，集中处理后的工业废水和生活污水排至最终中和池，送至冷却塔冷却后循环利用。在进行工艺改造后，该公司 2019 年工业用水重复利用率为 98.93%，单位产品取水量为 $1.89m^3/MW \cdot h$，达到国家和广东省用水定额标准。

（3）价格机制方面

计划用水是实现水资源高效利用的重要手段，通过对水量精准把控，划分用水梯度，进行差别收费，规范用水单位用水；根据精准计量，对管网流量进行量化，通过现有科学技术，对管网进行精细化管理。2019 年数据显示，全市非居民计划用水户共节约用水 3.5 亿 m^3，减少污水排放约 3.15 亿 m^3。

（4）生态环境方面

河长制、湖长制是广州特色，2018 年以来，广州市委、市政府连续签发 8 道总河长令，以流域为体系、网格为单元，按照"控源、截污、清淤、补水、管理"的技术路线，强力推动黑臭水体治理和排水单元达标等工作。2018 年，广州市入选全国首批黑臭水体治理示范城市；2019 年底，纳入国家考核的 147 条黑臭水体全部消除黑臭。2020 年 1～7 月，广州 9 个国家考核断面全部达标。

（5）实践创新方面

随着城市的快速发展，科技水平不断提高，节水器具也在快速发展，节水器具普及率越来越高，节水理念不断深化。截至 2019 年底，全市累计完成水平衡测试用水户 878 家，创建省级节水型居民小区 269 个，节水型企业 100 家，节水型单位 147 家，节水型公共机构 2088 家。

5.4.2　河北省南水北调工程生态补水工程

1. 生态补水必要性

河北省水资源短缺，特别是京津以南平原地区水资源严重匮乏，人均水资源占有量仅为 140m³ 左右，属极度缺水地区。自 20 世纪 70 年代以来，地表水远远不能满足供水需求，被迫大量开采地下水，目前河北省平原地区地下水供水量已占总供水量的 85% 左右。由于长期过量开采地下水，形成了大面积的地下水超采区。目前山前平原浅层地下水漏斗和中东部平原深层地下水漏斗已经连片，出现了举世罕见的复合漏斗，累计超采量已达 1550 亿 m^3。在地下水超采区，由于地下水水位持续下降，山前浅层地下水含水层大范围疏干，供水能力锐减，使当地水资源的战略储备和应急供水能力受到严重影响，且部分地区诱发了地面沉降、地下水污染等多方面的生态环境问题。解决平原地区严重缺水和遏制以地下水超采为代表的生态环境恶化是极为迫切的任务。

2. 工程概况

河北省南水北调生态补水工程范围为京津以南的邯郸、邢台、石家庄、保定、廊坊、衡水、沧州 7 个设区市、92 个县、26 个工业园区，工程包括干线工程和配套工程两部分。干线工程静态投资 419 亿元，总长 596km，其中：京石段工程长 227km，起点为石家庄市西郊的古运河枢纽，终点为涿州市冀京交界处的北拒马河，途经石家庄、保定 12 个县（市、区）；邯石段工程长 238km，起点为豫冀交界处漳河北岸，终点为京石段工程起点古运河南岸，途经邯郸、邢台、石家庄 17 个县（市、区）；天津干线河北段工程长 131km，自保定市徐水区西黑山村西分水口，由西向东途经保定、廊坊 8 个县（市、区），进入天津。配套工程包括水厂以上输水工程、地表水厂及配水管网工程，其中水厂以上输水工程指从干线工程到水厂的输水工程。水厂以上输水工程以省级为主筹资建设，包括新（改）建廊涿、保沧、石津、邢清 4 条大型输水干渠和受水区 7 市输水管道工程，总长 2069km。南水北调中线总干渠与配套工程构筑起河北省安全供水网络体系。图 5-20 为南水北调中线工程的水源地——丹江口水库。

图 5-20　南水北调中线工程的水源地

自 2014 年 12 月南水北调工程正式通水以来，中线工程综合效益远超预期，河北受水区曾经的吃水难、用水难水资源困境成功破局。其中，2018 年供水 22.4 亿 m³、2019 年供水 25.6 亿 m³、2020 年供水 36.5 亿 m³，河北省南水利用量 3 年三大步，其中 2020 年首次突破多年平均规划分水量 30.4 亿 m³。南水作为受水区主要水源，使城镇供水保证率大幅提升，南水逐渐从"配角"变为"主角"。

3. 经验成效

通水以来，中线工程供水水质稳定达到地表水 Ⅱ 类标准及以上，明显改善了受水区水质。石家庄市区自来水硬度由过去的 330～350mg/L 降至 150～170mg/L，黑龙港流域 500 多万人彻底告别饮用苦咸水、高氟水的历史。

2017 年至今，在保证沿线大中城市正常生活用水前提下，中线工程连年择机向河北省实施生态补水，累计向白洋淀和 20 余条河流补水 30 多亿立方米，形成有水河道

2578km、水面面积 175.6km^2。南水北调江水与引黄入冀补淀黄河水,改善了白洋淀水质,为雄安新区水环境建设发挥了重要支撑作用。

2019 年开始,中线工程承担起华北地区地下水超采综合治理重要任务。据统计,在全年平均降水量没有增加的情况下,2020 年 5 月至 11 月的深层、浅层地下水水位平均埋深,与 2019 年同期相比呈现上升态势,生态补水河流沿线地下水位回升尤其明显,地下水资源得到有效涵养,有力遏制了地下水严重超采、地下水漏斗区扩大的趋势。

第6章　海绵城市生态建设

6.1　基本内容

缺乏生态功能的灰色雨水基础设施不利于雨水的自然积存、自然渗透与自然净化，难以支撑以提升质量为主的城镇化转型发展。海绵城市生态建设，是城市水的生态循环建设的重要内容。通过统筹低影响开发海绵系统建设、城市雨水管渠系统建设、超标雨水径流排放系统建设、雨水收费制度和水权交易机制研究、海绵城市生态建设智慧化监督等基本内容，逐步构建自净自渗、蓄泄得当、排用结合的城市良性水文循环系统，提升城市防洪排涝能力和雨洪管理能力，削减城市地表径流污染，促进雨水资源有效利用，实现城市健康水文循环，有效提升城市人居环境质量，是实现"水的生态循环"的关键环节之一。

6.1.1　低影响开发海绵系统建设

低影响开发（Low Impact Development，LID）指在场地开发过程中，采用源头、分散式措施维持场地开发前后水文特征不变，也称为低影响设计或低影响城市设计和开发。低影响开发水文原理如图 6-1 所示。

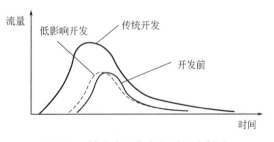

图 6-1　低影响开发水文原理示意图

低影响开发海绵系统建设内容包括完善顶层设计、保护城市原有生态系统、推进自然生态修复和公园绿地建设、落实海绵型建筑和相关基础设施建设、提升海绵城市建设科学研究与产品研发能力、推进建设效果动态管理等。

1. 完善顶层设计

（1）完善法规、标准与规划等体系。结合《海绵城市建设评价标准》GB/T 51345—2018 及有关法规政策，完善海绵城市建设法规体系，推动地方性法规落实海绵城市建设要求。编制建筑与小区、道路工程、园林绿化、水务工程等各行业建设管理标准等，确保海绵城市建设理念落实到各行业建设管理中。衔接海绵城市专项规划、海绵城市建设规划与国土空间总体规划，落实海绵城市建设目标、控制指标及低影响开发设施控制要求。

（2）打造示范典型。结合重点片区规划，编制重点片区海绵城市建设系统化方案，以城市生态建设和绿色发展为重要抓手，打造一批高质量的海绵城市建设示范区，再全面推进海绵城市系统建设。

2. 保护城市原有生态系统

最大限度地保护原有的河流、湖泊、湿地、坑塘、沟渠等水生态敏感区，禁止填湖造地、裁弯取直、河道硬化等破坏原有生态系统的建设行为。留有足够的涵养水源，对可消纳较大雨量的林地、草地、湖泊、湿地等雨水蓄滞区，维持城市开发前后水文特征不变。

3. 推进自然生态修复和公园绿地建设

重塑健康自然的弯曲河岸线，恢复自然深潭浅滩和泛洪漫滩，实施生态修复，营造多样性生物生存环境。推广海绵型公园和绿地，通过建设雨水花园、下凹式绿地、人工湿地等措施，增强公园和绿地系统的城市海绵体功能，消纳自身雨水，并为蓄滞周边区域雨水提供容量。

4. 落实海绵型建筑和相关基础设施建设

推广海绵型建筑与小区，因地制宜采取屋顶绿化、雨水调蓄与收集利用、微地形等措施，提高建筑与小区的雨水积存和蓄滞能力。推进海绵型道路与广场建设，改变雨水快排、直排的传统做法，增强道路绿化带对雨水的消纳功能，在非机动车道、人行道、停车场、广场等扩大使用透水铺装，推行道路与广场雨水的收集、净化和利用，减轻城市雨水管渠系统的运行负荷。

5. 提升海绵城市建设科学研究与产品研发能力

针对不同城市气候、水文、地质及社会发展等特点，积极开展海绵城市建设相关科学研究与产品研发，总结形成高水平的科研论文、专利、先进适用技术与产品等成果，解决各地在推进海绵城市建设过程中对相关技术与产品的迫切需求，为海绵城市建设提供技术支撑。

6. 推进建设效果动态管理

参照《海绵城市建设效果监测技术指南》，开展低影响开发海绵系统建设效果监测，并对监测数据进行分析评价，利用信息化手段，打造海绵城市建设效果"一张图"，加强海绵城市建设效果动态管理，建设海绵城市智慧管控平台。

6.1.2 雨水管渠系统建设

1. 优化城市雨水排水规划

城市开发建设过程中，经常人为地改变原有的地形和高差，破坏了自然排水分区。一旦出现强降雨天气，雨水不能及时排除而形成内涝。城市雨水排水规划建设应充分考虑排水地区的地形、水系、水文地质、水位和行政区划等因素，科学开展城市排水专项规划、土地利用总体规划、区域总体规划、海绵城市建设规划和区域控制性规划，加强相互之间的衔接，合理选择城市排水体制，提高城市雨水排水规划设计水平，通过合理的规划设计促进城市雨水排水基础设施建设的发展。

2. 完善雨水排水基础设施建设

采取拟建管网和泵站与改造相结合的方式，逐步消除管网空白区。新建排水管网应尽可能达到国家建设标准的上限要求。对易造成积水内涝问题和混错接的雨污水管网，改造修复破损和功能失效的雨水排水设施；对外水顶托导致自排不畅或抽排能力达不到规划设计标准的地区，改造或增设泵站，提高抽排能力；复核雨水口、雨水明沟收水能力，确保收水能力与排水能力相匹配。

6.1.3　超标雨水径流排放系统建设

城市超标雨水径流排放系统是由地面或地下调蓄、排放设施组成的蓄排系统，用于应对超过低影响开发海绵系统和雨水管渠系统承载能力的降雨导致的城市积水灾害，也称为大排水系统。

城市超标雨水径流排放系统设施可分为排放设施与调蓄设施两类。其中，排放设施主要包括具备排水功能的地表漫流（竖向控制）、道路（包括道路路面、利用道路红线内带状绿地构建的生态沟渠）、沟渠、河道等地表径流行泄通道，以及转输隧道等地下径流行泄通道，通过道路低点人行道渐变下凹、小区低洼处围墙底部打通等方式，构建完整、顺畅的地表径流行泄通道；调蓄设施则主要包括调蓄塘/池（含调节塘/池）、调蓄隧道、天然水体等地面和地下设施。超标雨水径流排放系统建设内容，可通过科学规划超标雨水径流排放系统、实施雨洪通道建设及"调蓄设施"建设等方式开展实施。

1. 科学规划超标雨水径流排放系统

应以城市总体规划和防洪排涝专项规划为依据，并根据地区降雨特征和暴雨内涝风险等因素，与低影响开发海绵系统和城市雨水管渠系统相协调，统筹规划，合理确定建设规模。超标雨水径流排放系统具有多种功能时，应明确各项功能并相互协调，并在降雨和内涝发生时优先保护公众生命和财产安全，保障城市安全运行。

2. 实施雨洪通道建设

合理开展河道、湖塘、排洪沟、道路边沟等整治工程，提高行洪排涝能力，确保与城市管网系统排水能力相匹配。合理规划利用城市排涝河道，加强城市外部河湖与内河、排洪沟、桥涵、闸门、排水管网等在水位标高、排水能力等方面的衔接，确保过流顺畅、水位满足防洪排涝安全要求。因地制宜恢复因历史原因封盖、填埋的天然排水沟、河道等，利用次要道路、绿地、植草沟等构建雨洪行泄通道。此外，地表漫流主要通过竖向规划设计实现，良好的竖向控制作为"非设计雨洪通道"最简单、有效的内涝防治措施。

3. 提升雨水集蓄与资源化利用能力

城市雨水集蓄设施是大排水系统的重要组成部分。在结合公园、水景、绿地建设雨水积蓄与利用设施的基础上，因地制宜开展资源化利用；在利用雨水时，根据雨水用途确定水质标准，经初期弃流及净化后达标回用。

6.1.4 雨水水权交易机制研究

水权包括水资源的所有权和使用权，是指在合理界定和分配水资源使用权基础上，通过市场机制实现水资源使用权在地区间、流域间、流域上下游、行业间、用水户间流转的行为。通过雨水水权交易机制研究，提升对雨水资源等非常规水源利用重要性的认识，结合海绵城市生态建设，以雨水资源集约化利用、生态价值市场化实现为切入点，开展雨水资源使用权交易试点，促进水资源的节约、保护和优化配置，探索雨水资源等非常规水源高质量利用的新路径、雨水资产合同管理的新模式。

6.1.5 建设效果的动态管理

建设效果的动态管理，有助于落实《海绵城市建设评价标准》GB/T 51345—2018 的有关要求，支撑海绵城市建设效果评价，规范海绵城市建设监测与评估工作，进一步完善城市排水基础设施的规划建设，保障并优化其运行、维护和管理，建设海绵城市智慧化监督平台。建设效果的动态管理措施主要有：

（1）不同类型设施在典型场降雨及连续降雨条件下的峰值流量、径流体积、峰现时间控制效果的动态分析与管理；

（2）不同类型设施在典型场降雨及连续降雨条件下的污染物去除能力与场/年污染物总量控制效果的动态分析与管理；

（3）组合设施对项目、排水分区整体的径流污染与合流制溢流污染、径流总量、径流峰值的控制效果的动态分析与管理。

6.2 主要目标

6.2.1 径流总量控制

我国地域辽阔，气候特征、土壤地质等天然条件和经济条件差异较大，径流总量控制目标也不同。在雨水资源化利用需求较大的西部干旱半干旱地区，以及有特殊排水防涝要求的区域，可根据经济发展条件适当提高径流总量控制目标；对于广西、广东及海南等部分沿海地区，由于极端暴雨较多导致设计降雨量统计值偏差较大，造成投资效益及低影响开发设施利用效率不高，可适当降低径流总量控制目标。我国大陆径流总量控制目标应结合《海绵城市建设技术指南——低影响开发雨水系统构建（试行）》的相关要求确定。

6.2.2 径流峰值控制

径流峰值应协同低影响开发海绵系统、城市雨水管渠系统与超标雨水径流排放系统进行控制。在原有的排水设计重现期下，建设用地的外排雨水高峰流量低于开发建设前的流量水平，建立从源头到末端的全过程雨水控制与管理体系，共同达到内涝防治要求，城市内涝防治设计重现期应按国家标准《室外排水设计标准》GB 50014—2021 执行。

6.2.3　径流污染控制

对不同的排水体制，污染物总量控制方式不同。比如，条件允许时将合流制改造为分流制系统；对合流污水进行调蓄，对溢流污水进行消毒；改造雨水口以强化其污染物拦截和沉淀作用、安装旋流分离器等；设置雨水调蓄池等。各地应结合城市水环境质量要求、径流污染特征等确定径流污染综合控制目标和污染物指标。污染物指标主要采用悬浮物（SS）、化学需氧量（COD）、总氮（TN）、总磷（TP）等。城市径流污染物中，SS 往往与其他污染物指标具有一定的相关性，一般采用 SS 作为径流污染物控制指标，海绵城市生态建设的年 SS 总量去除率宜达到 40%～60%。

考虑到径流污染物变化的随机性和复杂性，径流污染控制目标一般也通过径流总量控制来实现，并结合径流雨水中污染物的平均浓度和海绵设施的污染物去除率确定。

6.2.4　雨水资源化

海绵城市生态建设针对重现期从小到大的降雨，逐级满足资源利用、防洪减灾和生态环境等方面的要求，因此其主要目标也应当是分层次的。通过低影响开发等源头减排措施，应对较小重现期的降雨，优先考虑雨水入渗地下，以满足"良性水文循环"生态环境层面的要求。通过雨水管渠系统的完善，使中等强度重现期降雨的径流得以调控、利用和排除，同时满足防洪减灾、生态环境和资源利用的要求。通过调蓄池、城市河湖、深层隧道等设施应对超过雨水管渠设计标准的较大降雨的地表径流，优先满足防洪减灾要求，兼顾资源利用和生态环境的要求。与此同时，通过雨水收费制度和水权交易机制相关研究的开展，构建符合各地发展的水权交易制度，提高水资源利用成效。

6.2.5　建设效果"一张图"管理

设计海绵城市智慧监管解决方案，支撑海绵城市生态建设效果的动态管理，通过构建以物联网和大数据为基础的应用集成平台，将多类型传感器部署在城市的主要河道、排水管网和受污染水体，实时动态采集各类数据。通过数据处理、关联和分析，可视化呈现海绵城市建设效果和总体控制目标。基于物联网、云计算、大数据技术，对海绵城市考核评估的全流程进行监控、分析、预警、管理和展现，在海绵城市绩效考核指标测评、城市排水/降雨在线监测、防汛应急指挥调度决策、黑臭水体监管决策和海绵设施联合调度决策等方面，形成海绵大数据"一张图"管理（图 6-2），实现城市供水、排水和水环境的智能化管控。另外，智慧水务和智慧城市管理相互对接，使整个城市的水务自控设备实现实时优化调度和控制，全面提升城市水综合治理水平。

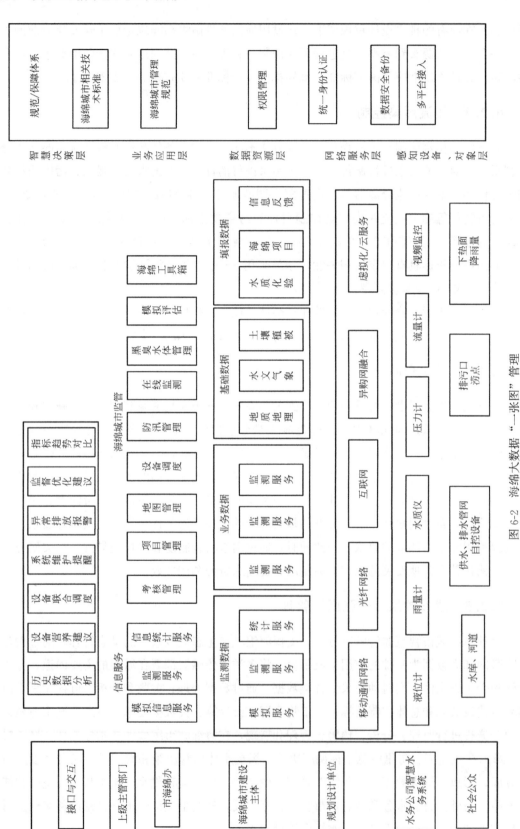

图 6-2 海绵大数据"一张图"管理

6.3　关键技术

6.3.1　渗透技术

1. 透水铺装

（1）概念与构造

透水铺装泛指采用可透水的铺装材料或者是传统材料保持孔隙铺装的地面形式，地表径流可通过其渗入底层土壤。

透水铺装按照面层材料不同可分为透水砖铺装、透水水泥混凝土铺装和透水沥青混凝土铺装，嵌草砖、园林铺装中的鹅卵石、碎石铺装等也属于渗透铺装。透水铺装结构应符合行业标准《透水砖路面技术规程》CJJ/T 188—2012、《透水沥青路面技术规程》CJJ/T 190—2012 和《透水水泥混凝土路面技术规程》CJJ/T 135—2009 的规定。透水砖铺装典型构造如图 6-3 所示，透水砖铺装实景如图 6-4 所示。

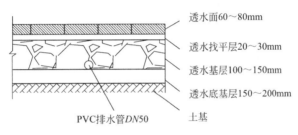

透水面60～80mm

透水找平层20～30mm

透水基层100～150mm

透水底基层150～200mm

PVC排水管DN50　土基

图 6-3　透水砖铺装典型构造示意图

图 6-4　混凝土透水砖地面实景图

（2）适用性

透水砖铺装和透水水泥混凝土铺装主要适用于广场、停车场、人行道以及车流量和荷载较小的道路，如建筑与小区道路、市政道路的非机动车道等，透水沥青混凝土路面还可用于机动车道。透水铺装应用于以下区域时，还应采取必要的措施防止次生灾害或地下水污染的发生：①可能造成陡坡坍塌、滑坡灾害的区域，湿陷性黄土、膨胀土和高含盐土等特殊土壤地质区域；②使用频率较高的商业停车场、汽车回收及维修点、加油站及码头等

133

径流污染严重的区域；③透水铺装适用区域广、施工方便，可补充地下水并具有一定的峰值流量削减和雨水净化作用，但易堵塞，寒冷地区有被冻融破坏风险的区域。

（3）透水铺装的作用

1）透水铺装对雨水径流量的控制

透水铺装系统可以更有效地降低径流系数、减少径流峰值和延长径流排放时间，并使蒸发和表面水溅显著减少。可将降雨渗透率由硬化路面的 $10\% \sim 15\%$ 增加到 75% 以上，大大降低地面径流量，削减洪峰，避免大暴雨或连续降雨造成城市洪涝灾害。

2）透水铺装净化雨水径流

透水铺装系统可以吸收、储存地面径流雨水，并通过吸附拦截作用显著地减少径流中污染物的浓度（溶解性重金属、烃类、氨氮、磷等），再下渗补充到地下含水层。研究不同类型透水铺装系统和逐层结构对径流污染物的去除能力，可以优化选择透水铺装系统类型来适应当地雨水径流水质，确保下渗雨水不污染地下水。

2. 绿色屋顶

（1）概念与构造

绿色屋顶又称种植屋面、屋顶绿化等，指利用建筑屋面空间种植花草树木，改善生态环境，营造绿化空间的屋面。

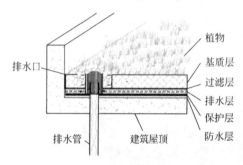

图 6-5 绿色屋顶典型构造示意图

根据种植基质深度和景观复杂程度，绿色屋顶又分为简单式和花园式，基质深度根据植物需求及屋顶荷载确定，简单式绿色屋顶的基质深度一般不大于150mm，花园式绿色屋顶在种植乔木时基质深度可超过600mm，绿色屋顶的设计可参考《种植屋面工程技术规程》JGJ 155—2013。绿色屋顶适用于符合屋顶荷载、防水等条件的平屋顶建筑和坡度小于等于15°的坡屋顶建筑。绿色屋顶的典型构造如图6-5所示。

（2）适用性

绿色屋顶适用于符合屋顶荷载、防水等条件的平屋顶建筑和坡度小于等于15°的坡屋顶建筑。绿色屋顶可有效减少屋面径流总量和径流污染负荷，具有节能减排的作用，但对屋顶荷载、防水、坡度、空间条件等有严格要求。

（3）作用

1）调控径流

绿色屋顶通过滞留雨水进行径流调控。其雨水滞留能力主要由植被层截留雨水和基质层吸持雨水组成，其中起主要作用的是基质层吸持雨水。近年来，国内外专家学者将绿色屋顶与雨水收集回用系统相结合，成功运用到一些大型建筑、居住区水景和重要的交通枢纽工程中。考虑到降雨量的大小，绿色屋顶在建设时还需评估屋顶的防水性，这也是现有建筑物进行绿色屋顶改建时必须注意的问题。

2）缓解径流污染

城市径流是造成水质污染的主要原因之一。绿色屋顶对水中常见的污染物包括亚硝酸盐、氨氮、总磷、COD、总氮和硝酸盐等都有很好的消减作用。例如，我国江苏省常州市的"树立方"科研楼，通过在屋顶花园建设生态湿地，模拟水塘生态系统，实现了人造屋顶湿地的自我净化，其出水水质达到了Ⅲ级标准。

3. 下沉式绿地

（1）概念与构造

下沉式绿地指具有一定的调蓄容积，且可用于调蓄和净化径流雨水的绿地。下沉式绿地具有狭义和广义之分：狭义的下沉式绿地指低于周边铺砌地面或道路在200mm以内的绿地；广义的下沉式绿地泛指具有一定的调蓄容积，且可用于调蓄和净化径流雨水的绿地，包括生物滞留设施、渗透塘、湿塘、雨水湿地、调节塘等。

狭义的下沉式绿地应满足以下要求：①下沉式绿地的下凹深度应根据植物耐淹性能和土壤渗透性能确定，一般为100～200mm。②下沉式绿地内一般应设置溢流口（如雨水口），保证暴雨时径流的溢流排放，溢流口顶部标高一般应高于绿地50～100mm。狭义的下沉式绿地典型构造如图6-6所示。

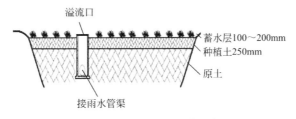

图6-6　狭义的下沉式绿地典型构造图

（2）适用性

下沉式绿地可广泛应用于城市建筑与小区、道路、绿地和广场内。对于径流污染严重、设施底部渗透面距离季节性最高地下水位或岩石层小于1m及距离建筑物基础小于3m的区域，应采取必要的措施防止次生灾害的发生。狭义的下沉式绿地适用范围较广，其建设费用和维护费用均较低，但大面积采用时，易受地形等条件的影响，实际调蓄容积较小。

（3）作用

下沉式绿地可汇集周围硬化地表产生的降雨径流，利用植被、土壤、微生物的作用，截留和净化小流量雨水径流，超过绿地蓄渗容量的雨水经雨水口排入雨水管网。下沉式绿地不仅可以起到削减径流量、减轻城市洪涝灾害的作用，而且下渗的雨水可以起到增加土壤水分含量以减少绿地浇灌用水量，以及补充地下水资源量的作用。同时，径流携带的氮、磷等污染物可以转变为植被所需的营养物质，促进植物的生长。目前下沉式绿地的研究主要集中在雨水净化与利用方面。

4. 生物滞留设施

（1）概念与构造

生物滞留设施指在地势较低的区域，通过植物、土壤和微生物系统蓄渗、净化径流雨水的设施。

生物滞留设施分为简易型和复杂型，按应用位置不同又称作雨水花园、生物滞留带、高位花坛、生态树池等。生物滞留设施选型可参照以下要求：

1）对于污染严重的汇水区应选用植草沟、植被缓冲带或沉淀池等对径流雨水进行预处理，去除大颗粒的污染物并减缓流速；应采取弃流、排盐等措施防止融雪剂或石油类等高浓度污染物侵害植物。

2）屋面径流雨水可由雨落管接入生物滞留设施，道路径流雨水可通过路缘石豁口进入，路缘石豁口尺寸和数量应根据道路纵坡等经计算确定。

3）生物滞留设施应用于道路绿化带时，若道路纵坡大于1%，应设置挡水堰/台坎，以减缓流速并增加雨水渗透量；设施靠近路基部分应进行防渗处理，防止对道路路基稳定性造成影响。

4）生物滞留设施内应设置溢流设施，可采用溢流竖管、盖篦溢流井或雨水口等，溢流设施顶一般应低于汇水面100mm。

5）生物滞留设施宜分散布置且规模不宜过大，生物滞留设施面积与汇水面面积之比一般为5%～10%。

6）复杂型生物滞留设施结构层外侧及底部应设置透水土工布，防止周围原土侵入。如经评估认为下渗会对周围建构筑物造成塌陷风险，或者拟将底部出水进行集蓄回用时，可在生物滞留设施底部和周边设置防渗膜。

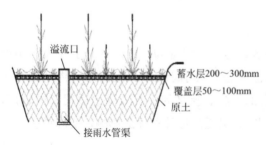

图 6-7　简易型生物滞留设施典型构造示意图

7）生物滞留设施的蓄水层深度应根据植物耐淹性能和土壤渗透性能来确定，一般为 200～300mm，并应设 100mm 的超高；换土层介质类型及深度应满足出水水质要求，还应符合植物种植及园林绿化养护管理技术要求；为防止换土层介质流失，换土层底部一般设置透水土工布隔离层，也可采用厚度不小于 100mm 的砂层代替；

砾石层起到排水作用，厚度一般为 250～300mm，可在其底部埋置管径为 100～150mm 的穿孔排水管，砾石应洗净且粒径不小于穿孔管的开孔孔径；为提高生物滞留设施的调蓄作用，在穿孔管底部可增设一定厚度的砾石调蓄层。简易型和复杂型生物滞留设施典型构造如图 6-7、图 6-8 所示。

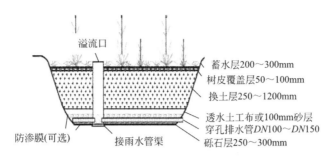

图 6-8　复杂型生物滞留设施典型构造示意图

（2）适用性

生物滞留设施主要适用于小区内建筑、道路及停车场的周边绿地，以及城市道路绿化带等城市绿地内。对于径流污染严重、设施底部渗透面距离季节性最高地下水位或岩石层小于 1m 及距离建筑物基础小于 3m 的区域，可采用底部防渗的复杂型生物滞留设施。

生物滞留设施形式多样，适用区域广，易与景观结合，径流控制效果好，建设费用与维护费用较低；但地下水位与岩石层较高、土壤渗透性能差、地形较陡的地区，应采取必要的换土、防渗、设置阶梯等措施避免次生灾害的发生，将增加建设费用。

（3）作用

1）调控径流

生物滞留系统的一个重要特征是能够实现区域未开发之前的水文功能，有助于城市水循环维持自然的状态。生物滞留系统通过蒸发和下渗对城市雨水径流发挥蓄滞作用。

2）缓解径流污染

生物滞留系统对油脂类、TSS、重金属、致病菌以及 COD 等大部分污染物均有较好的祛除效果，但对氮磷的处理存在去除率偏小、去除率波动范围较大、运行效果不稳定等问题。

6.3.2　储存调节技术

1. 湿塘

（1）概念与构造

湿塘指具有雨水调蓄和净化功能的景观水体，雨水是湿塘主要的补水水源。可与周边绿地、开放空间等场地条件结合设计为多功能调蓄水体。平时发挥正常的景观及休闲、娱乐功能，暴雨发生时发挥调蓄功能。湿塘一般由进水口、前置塘、主塘、溢流出水口、护坡及驳岸、维护通道等构成。湿塘应满足以下要求：

1）进水口和溢流出水口应设置碎石、消能坎等消能设施，防止水流冲刷和侵蚀。

2）前置塘为湿塘的预处理设施，起到沉淀径流中大颗粒污染物的作用；池底一般为混凝土或块石结构，便于清淤；前置塘应设置清淤通道及防护设施，驳岸形式宜为生态软驳岸，边坡坡度（垂直：水平）一般为 1：2～1：8；前置塘沉泥区容积应根据清淤周期和所汇入径流雨水的 SS 污染物负荷确定。

3）主塘一般包括常水位以下的永久容积和储存容积，永久容积水深一般为 0.8～2.5m；储存容积一般根据所在区域相关规划提出的"单位面积控制容积"确定；具有峰值流量削减功能的湿塘还包括调节容积，调节容积应在 24～48h 内排空；主塘与前置塘间宜设置水生植物种植区（雨水湿地），主塘驳岸宜为生态软驳岸，边坡坡度（垂直：水平）不宜大于 1：6。

4）溢流出水口包括溢流竖管和溢洪道，排水能力应根据下游雨水管渠或超标雨水径流排放系统的排水能力确定。

5）湿塘应设置护栏、警示牌等安全防护与警示措施。

（2）适用性

湿塘适用于小区、城市绿地、广场等具有空间条件的场地，可有效削减较大区域的径流总量、径流污染和峰值流量，是城市内涝防治系统的重要组成部分；但对场地条件要求较严格，建设和维护费用高。

2. 雨水湿地

（1）概念与构造

雨水湿地是一种利用物理、水生植物及微生物等作用净化雨水，是一种高效的径流污染控制设施。

雨水湿地分为雨水表流湿地和雨水潜流湿地。一般设计成防渗型，以维持雨水湿地植物所需要的水量。雨水湿地常与湿塘合建并设计一定的调蓄容积。雨水湿地与湿塘的构造相似，一般由进水口、前置塘、沼泽区、出水池等构成。雨水湿地典型构造如图 6-9 所示。雨水湿地应满足以下要求：

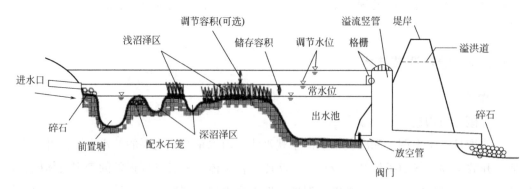

图 6-9　雨水湿地典型构造示意图

1）进水口、溢流出水口、前置塘等设计同湿塘。

2）沼泽区包括浅沼泽区和深沼泽区，是雨水湿地主要的净化区，其中浅沼泽区水深范围一般为 0～0.3m，深沼泽区水深范围一般为 0.3～0.5m，根据水深不同种植不同类型的水生植物。

3）雨水湿地的调节容积应在 24h 内排空。

4）出水池主要起防止沉淀物的再悬浮和降低温度的作用，水深一般为 0.8～1.2m，出水池容积约为总容积（不含调节容积）的 10%。

（2）适用性

雨水湿地适用于具有一定空间条件的建筑与小区、城市道路、城市绿地、滨水带等区域。雨水湿地可有效削减污染物，并具有一定的径流总量和峰值流量控制效果，但建设及维护费用较高。

（3）作用

雨水湿地作为重要的海绵设施，具有调蓄雨水、净化水质、优化水资源利用等功能；在海绵城市建设中，可利用雨水湿地的多样性，结合实际情况，打造海绵型湿地景观，更好推进海绵城市生态建设。

3. 调节塘

（1）概念与构造

调节塘也称干塘，以削减峰值流量功能为主，一般由进水口、调节区、出口设施、堤岸等构成，也可通过合理设计使其具有渗透功能，起到一定的补充地下水和净化雨水的作用。调节塘典型构造如图 6-10 所示。

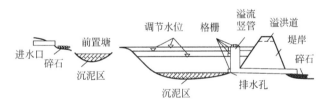

图 6-10　调节塘典型构造示意图

调节塘设计时应满足以下要求：

1）进水口应设置碎石、消能坎等消能设施，防止水流冲刷和侵蚀。

2）应设置前置塘对径流雨水进行预处理。

3）调节区深度一般为 0.6～3m，塘中可以种植水生植物以减小流速、增强雨水净化效果。塘底设计成可渗透时，塘底部渗透面距离季节性最高地下水位或岩石层不应小于 1m，距离建筑物基础不应小于 3m。

4）调节塘出水设施一般设计成多级出水口形式，以控制调节塘水位，增加雨水水力停留时间（一般不大于 24h），控制外排流量。

5）调节塘应设置护栏、警示牌等安全防护与警示措施。

（2）适用性

调节塘适用于小区、城市绿地等具有一定空间条件的区域。调节塘可有效削减峰值流量，建设及维护费用较低，但其功能较为单一，宜利用下沉式公园及广场等与湿塘、雨水湿地合建，构建多功能调蓄水体。

4. 调节池

（1）概念与构造

调节池为调节设施的一种，主要用于削减雨水管渠峰值流量，一般常用溢流堰式或底部流槽式，可以是地上敞口式调节池或地下封闭式调节池，其典型构造可参见《给水排水设计手册（第三版）》（中国建筑工业出版社）。

（2）适用性

调节池在城市雨水管渠系统中的作用是削减管渠峰值流量。调节池功能单一，建设及维护费用较高，宜利用下沉式公园及广场等与湿塘、雨水湿地合建，构建多功能调蓄水体。

5. 调蓄池

（1）概念与构造

调蓄池指具有雨水储存功能的集蓄利用设施，同时也具有削减峰值流量的作用，主要包括钢筋混凝土调蓄池，砖、石砌筑调蓄池及塑料蓄水模块拼装式调蓄池，用地紧张的城市大多采用地下封闭式调蓄池。

我国将为解决城市内涝、溢流污染、合流制完善的各类雨水池统称为雨水调蓄池。调蓄池典型构造可参照国家建筑标准设计图集《雨水综合利用》IOSS705。

（2）适用性

调蓄池适用于有雨水回用需求的小区、城市绿地等，根据雨水回用用途（绿化、道路喷洒及冲厕等）不同需配建相应的雨水净化设施；不适用于无雨水回用需求和径流污染严重的地区。调蓄池具有节省占地、雨水管渠易接入、避免阳光直射、防止蚊蝇滋生、储存水量大等优点，雨水可回用于绿化灌溉、冲洗路面和车辆等，但建设费用较高，后期需维护管理。

调蓄池的形式多样，可以是小区内的雨水花园，也可以是城市中的口袋绿地，在有效利用了天然绿地或湿地及水生和湿生植物群落基础上，大大小小的调蓄池成为水质净化——蓄滞水——地下水回补多级多功能湿地系统中的核心环节，同时成为地下水回补的前提条件。

在道路广场、停车场、绿地、公园、城市水系等公共区域的下方，可采用口袋型存水构筑物（图6-11）；有景观水体的小区，可采用地表敞开式调蓄池（图6-12）。

图 6-11 口袋型存水构筑物

图 6-12 地表敞开式调蓄池

6. 雨水罐

（1）概念与构造

雨水罐也称雨水桶，为地上或地下封闭式的简易雨水集蓄利用设施，可用塑料、玻璃钢或金属等材料制成。

（2）适用性

适用于单体建筑屋面雨水的收集利用。雨水罐多为成型产品（图6-13），施工安装方便，便于维护，但其储存容积较小，雨水净化能力有限。

图6-13　雨水罐成品示意图

7. 深层排水隧道

（1）分类与功能

深层排水隧道是指埋设在深层地下空间（地下空间分为表层、浅层和深层，深层地下空间一般是指地面以下超过30m深度的空间）的大型排水隧道，直径一般为3～10m。

深层排水隧道一般可以分为以下几类：

1）雨洪排放隧道

雨洪排放隧道是指使用深隧对现有河道排洪能力进行补充，减少城市洪涝的发生。隧道尾端设有大型排洪泵站，最终出路是大江大河等水体，典型代表是日本东京的江户川深隧工程。也有利用隧道对山洪进行分流，以减轻对下游市区的影响，实现"高水高排"，如中国香港荔枝角雨水隧道、荃湾雨水排放隧道放隧道。

2）污水调蓄与输送隧道

污水调蓄与输送隧道是指主要为收集输送调蓄城市污水的地下隧道。典型代表是新加坡的深隧道污水系统与美国克利夫兰深层隧道。美国威斯康星州密瓦克市在雨污分流区，由于下游污水处理厂规模不够，上游过量的污水也储蓄在隧道中。

3）合流调蓄与输送隧道

合流调蓄与输送隧道主要是用于对合流污水、初期雨水的收集、调蓄和输送，最终送到污水处理厂处理。其主要功能是实现对合流污水的收集，控制合流制排水系统的溢流污染（Combined Sewage Overflow，CSO），缓解初期雨水面源污染。这一类型的隧道广泛用于合流污水系统。通常对于这一类隧道，首要目标是提供足够的调蓄容积以满足 CSO 的控制目标。伦敦泰晤士隧道就是典型的 CSO 调蓄隧道。合流调蓄与输送隧道按照隧道在排水系统中的位置可分为在线调蓄隧道和线外调蓄隧道两类。

4）线外调蓄隧道

线外调蓄池运行过程为：正常情况下池子没有基础流量，因此，不影响排水系统原有运行模式。当暴雨径流充满系统原有排水管道而需要进行水量调蓄时，溢流至调蓄隧道中存贮起来，暴雨之后通过水泵提升返回排水管道，输送至污水处理厂，从而减轻甚至基本消除溢流水量，减轻河道污染。通过系统的优化设计，还有可能提高现有系统的排水标准。隧道设置地下排空泵，要求在 2～3d 将隧道排空即可。线外调蓄隧道的典型代表是瑞典首都斯德哥尔摩调蓄隧道，主隧道长约 7km，另外包括 7 条支线（约 4km）和 4 条输送隧道（约 1km）。隧道断面面积为 17m² 的系统有 6.3km，断面面积为 25m² 的系统有 5.7km，能储存约 27.5 万 m³ 的水量，暴雨合流污水通过 36 条连接管进入隧道。

5）在线调蓄隧道

在线调蓄隧道是相对于线外式而言，是指隧道本身除调蓄功能外，也起着截流与输送合流污水的作用，是合流污水收集输送系统的一部分。主要代表是美国芝加哥市隧道排水系统，也是芝加哥市政府推行的隧道与水库（TARP）计划。TARP 计划由 4 个隧道系统组成，每个隧道系统包含水库、输水隧道（在线调蓄隧道）和污水处理厂 3 个部分。TARP 计划包括 3 座水库、201km 输水隧道和 4 座污水处理厂。

（2）构造

深层排水隧道的组成包括：浅层连接设施、预处理设施、竖井、隧道、调压水槽、排水泵站、通风（除臭）设施、排泥除砂设施、监测与控制管理系统等内容。

1）浅层衔接设施

深层排水隧道是浅层排水系统的补充和提升，必须与浅层系统有效衔接才能发挥其排水功能。雨洪隧道需要与排水箱涵、河道衔接；污水隧道需要与污水主干管、污水泵站连接；合流调蓄隧道需要与截污主干管和合流干渠连接。

2）预处理设施

隧道运行时应尽量避免河道、管渠内的大尺度垃圾和粗颗粒沉砂进入隧道，必须设置格栅和沉砂类预处理设施。格栅间隙和沉砂池的设计需要结合竖井类型、用地条件、水质特点、后续的排水处理等综合考虑。

3）竖井

竖井是一种引导水流大距离下落的设施，是连接浅层和隧道的重要部分，洪水（或污水）就是通过竖井下落到深层隧道。竖井的设计应根据将来运行的最大流量进行计算。竖井也可用于其他用途，包括作为人的降落通道、工作用的坑道、紧急疏散点和用于隧道气体排气孔等。由于井深很大，需要在底部修筑增强设施来抵御水流进入隧道时的巨大冲击。日本江户川隧道的入流井（竖坑）采用了"涡旋式落差轴"的建造方法，引导水流沿着坑壁螺旋向下流入坑内，以最大限度地减少洪水的冲击力。竖井是深层排水隧道最为重要的组成部分，也是隧道设计最关键的部分。

排水竖井主要有 5 种供选类型：

① 旋式竖井：其基本原理是竖井入口呈涡旋状，能使水流产生离心力并靠向垂直竖井井壁，水流在竖井中螺旋下落。通常在底部设有除气室除去多余的空气。该类型具有多种构造，尤其适用于大流量和大落差的排水竖井。

② 螺旋坡道竖井：利用螺旋旋转坡道使水流引入竖井中，螺旋坡道的坡度、半径等需根据流量和竖向落差计算确定，适用于大流量和大落差的排水系统。

③ 挡板式竖井：又称层叠式竖井。在竖井内设有交错的挡板，水流进入竖井后由一块挡板倾泻到下一块挡板的形式被输送和消能，适用于大流量和大落差的排水系统。

④ 跌落式竖井：是最常用的一种竖井。跌落式竖井允许水流自由下落，没有任何消能或限制掺气措施。适用于小流量和小落差的排水竖井。

⑤ 靴型竖井：靴型竖井的命名是因为该竖井和除气室结构形状像一只靴子。竖井内水流沿着一垂直隔墙倾泻跌落底部，带入相当分量的空气，因此需要大型的除气室，适用于大流量和大落差的排水系统。靴型竖井已在几个大型排水系统中使用，包括芝加哥的 TARP 和密尔沃基深隧。

4）隧道

隧道是系统的重要组成部分，根据功能需要选择不同口径的隧道，目前建成的排水隧道工程中涵盖了 3.0～13.2m。

5）调压水槽

在隧道系统进水过程中，可能在隧道中出现浪涌。浪涌可能带来高水位线变化，甚至造成污水从隧道中井喷而出的现象。高压力的浪涌对隧道结构本身也具有破坏作用，需要进行涌浪分析。调压水槽的设置，主要用来调节隧道在进水时的压力。

6）排水泵站

隧道位于地面以下很深的地方，所以其转输、放空或排江（海）通常靠水泵完成。排水泵站由排水泵、控制设备及附属设备组成。对于雨洪隧道，排水泵站除设置排空泵组外，还有更加重要的排洪泵组。

7）通风（除臭）设施

在充水过程中，隧道中的原有空气会被流进来的水所取代，为了让这部分气体顺利排出，避免被包裹在隧道中，需要设置通风孔口。通风孔口的设计大小应与通风井的最大容许空气流速相匹配，一般不应超过 10m/s。污水隧道和合流调蓄隧道在进水竖井的预处理过程需设置臭气收集处理设施。

8）排泥除砂设施

虽然隧道系统在进水时经过了沉砂预处理，但使用后仍会有小颗粒的泥沙沉积，需要设置排泥除砂设施，一般采用水力冲洗和抽砂泵等方式。

9）监测与控制管理系统

整个隧道系统的运行需要结合浅层排水系统水质、液位、水量等综合信息进行控制，监测和控制手段非常必要，并通过中央控制系统进行调度控制运行和管理。

6.3.3　转输技术

1. 转输型植草沟

（1）概念与构造

植草沟指种有植被的地表沟渠，可收集、输送和排放径流雨水，并具有一定的雨水净化作用，可用于衔接其他各单项设施、城市雨水管渠系统和超标雨水径流排放系统。

转输型植草沟设计时应满足以下要求：

1）浅沟断面形式宜采用倒抛物线形、三角形或梯形。

2）植草沟的边坡坡度（垂直：水平）不宜大于 1∶3，纵坡不应大于 4%。纵坡较大时宜设置为阶梯形植草沟或在中途设置消能台坎。

3）植草沟最大流速应小于 0.8m/s，曼宁系数宜为 0.2～0.3。

4）转输型植草沟内植被高度宜控制在 100～200mm。

（2）适用性

植草沟适用于小区内道路、广场、停车场等不透水面的周边，城市道路及城市绿地等区域，也可作为生物滞留设施、湿塘等低影响开发设施的预处理设施。植草沟也可与雨水管渠联合应用，场地竖向允许且不影响安全的情况下也可代替雨水管渠。

植草沟具有建设及维护费用低、易与景观结合的优点，但老城区及开发强度较大的新城区等区域易受场地条件制约。

2. 植草沟

（1）概念与构造

植草沟分为干式植草沟与湿式植草沟。干式植草沟是指开阔的、覆盖着植被的水流输送渠道，设计强化了雨水的传输、过滤、渗透和持留能力，保证雨水在水力停留时间内从沟渠排干。湿式植草沟与传输式植草沟系统类似，但设计为沟渠型的湿地处理系统，该系统长期保持潮湿状态。干式植草沟的构造如图 6-14（a）所示，湿式植草沟的构造如图 6-14（b）所示。

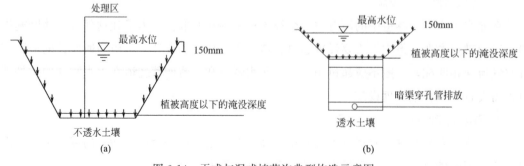

图 6-14　干式与湿式植草沟典型构造示意图

（2）适用性

干植草沟最适用于居住区，通过定期割草，可有效保持植草沟干燥。湿式植草沟一般用于高速公路的排水系统，也用于过滤来自小型停车场或屋顶的雨水径流，由于其土壤层在较长时间内保持潮湿状态，可能产生异味及蚊蝇等卫生问题，因此不适用于居住区。

6.3.4 截污净化技术

1. 植被缓冲带

（1）概念与构造

植被缓冲带为坡度较缓的植被区，经植被拦截及土壤下渗作用减缓地表径流流速，并去除径流中的部分污染物，植被缓冲带坡度一般为 2%～6%，宽度不宜小于 2m。植被缓冲带典型构造如图 6-15 所示。

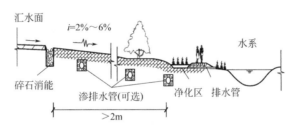

图 6-15 植被缓冲带典型构造示意图

（2）适用性

植被缓冲带适用于道路等不透水面周边，可作为生物滞留设施等低影响开发设施的预处理设施，也可作为城市水系的滨水绿化带，但坡度大于 6% 时，其雨水净化效果较差。植被缓冲带建设与维护费用低，但对场地空间大小、坡度等条件要求较高，且径流控制效果有限。

（3）作用

位于污染源和水体（河流、湖泊及水道等）之间的植被（林、灌、草或农作物等），主要发挥净化水质、保持水体以及巩固堤岸的作用。

植被缓冲带对农业面源污染具有显著的去除作用，其通过滞留径流中的泥沙及颗粒态污染物，植被吸收氮、磷营养元素，以及土壤、土壤微生物的吸附、降解、转化和固定等途径发挥截污作用。这一过程受到多种因素影响，包括土壤类型、缓冲带宽度、坡度和植被类型等。

2. 初期雨水弃流设施

（1）概念与构造

初期雨水弃流指通过一定方法或装置将存在初期冲刷效应、污染物浓度较高的降雨初期径流予以弃除，以降低雨水的后续处理难度。弃流雨水应进行处理，如排入市政污水管网（或雨污合流管网）由污水处理厂进行集中处理等。常见的初期弃流方法包括容积法弃

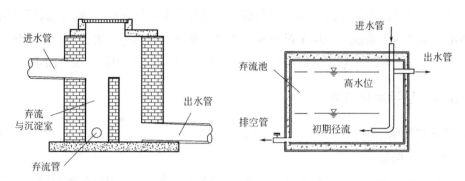

流、小管弃流（水流切换法）等。初期雨水弃流设施典型构造如图 6-16 所示。

图 6-16 初期雨水弃流设施示意图

（2）适用性

初期雨水弃流设施是其他低影响开发设施的重要预处理设施，主要适用于屋面雨水的雨落管、径流雨水的集中入口等低影响开发设施的前端。初期雨水弃流设施占地面积小，建设费用低，可降低雨水储存及雨水净化设施的维护管理费用，但径流污染物弃流量一般不易控制。

（3）初期雨水弃流设施的作用

由于大气中含有大量污染物，并且产生雨水径流的地面、道路、屋面等也有各种污染物，因此，降雨初期形成的径流中含有大量的污染物，其水质条件比较差，往往不符合收集利用的要求。初期雨水弃流是一种非常有效的水质控制技术，合理设计可控制径流中大部分污染物，包括细小的或溶解性污染物。通过研究雨水径流中污染物冲刷规律，弃除初期 3mm 的雨水径流可以去除 50%～70% 的污染物，设计的初期雨水弃流装置在现场应用中效果明显，结构简单，无动力部件，不需要人员进行雨后管理，只需定期进行维护。

初期弃流雨水进入市政雨水管道或污水管道，可降低对受纳水体的污染，也有利于后期洁净的雨水收集利用，大大降低雨水净水设施造价和运行成本。

3. 人工土壤渗滤

（1）概念与构造

人工土壤渗滤主要作为调蓄池等雨水储存设施的配套雨水设施，以达到回用水水质指标。人工土壤渗滤设施的典型构造可参照复杂型生物滞留设施。

（2）适用性

人工土壤渗滤适用于有一定场地空间的小区及城市绿地。人工土壤渗滤雨水净化效果好，易与景观结合，但建设费用较高。

（3）作用

土壤渗滤技术主要应用于对生活污水的处理。该类设施具有渗透能力强、介质吸附性能高、便于安装、运行维护简单、能有效降低径流量等优点，例如澳大利亚研发的多重渗滤塘（VersiTank）、英国研发的新型雨水塘（D-Raintank）以及日本研发的绿色渗蓄池

（Aquaspace）等。人工土壤渗滤主要有以下作用：

1）采用生物填料回填，代替土壤，构造人工土壤环境；

2）增大人工土壤包气带，加强土壤复氧能力；

3）增大水力负荷，使污水通过系统的速度加快，从而降低占地面积；

4）采用管网布水和自控技术，实现良好水利条件和运行管理；

5）工艺前设调节池和水力筛，采用循环交替运行方式，防止堵塞发生。

4. "上园下厂"模式的地埋式污水处理厂

"上园下厂"模式的地埋式污水处理厂，采用集约化地下式布置形式，污水处理建（构）筑物整体下沉，污水处理厂上部与城市绿地、市民公园相结合，将整个厂区隐藏于绿化树丛中。其中，这种模式的污水处理厂呈全地埋式层叠布局、全生态化设计。污水处理主要工艺流程均布置在厂区地下区域，将几十个功能各异的设备间、处理构筑物组团化、集成化、模块化，有机组合为预处理区、生化区、泥区等多个模块，中间布置行车通道、检修通道和综合管廊，构筑物和设备间在不同标高上层叠布置，便于安全生产管理。而污水处理厂上方地面，则是海绵城市。当汛期暴雨，厂区接到预警等情况需要开启初雨处理系统时，来水主要经由河浅层渠箱收集，通过进厂连接管进入净水厂厂区。初期雨水先经过预处理区中的粗细格栅、提升泵房以及旋流沉砂池进行一级处理。处理后的初期雨水再经过初雨提升泵房提升至高效沉淀池，经过混凝、絮凝和沉淀强化处理后排至河流，利用初雨系统能够有效解决雨水洪涝问题，提高雨水利用率，为城市节省水资源，减轻城市水危机。例如，上海虹桥污水处理厂建设内容包括新建污水处理厂、进水总管及改造污水提升泵站工程。其中，污水处理厂规模为 20 万 m^3/d，占地 $11.5hm^2$。上海虹桥污水处理厂建设效果如图 6-17 所示。

图 6-17　上海虹桥污水处理厂示意图

6.3.5　雨水资源化利用技术

雨水的原水水量和水质变化较大，用水水质标准和水量不同，雨水资源化利用应根据实际的水量平衡分析，以及每一种用途的水质要求，合理确定利用方案，达到较高的效益投资比，实现环境效益和经济效益的统一。雨水资源化利用技术如图 6-18 所示。

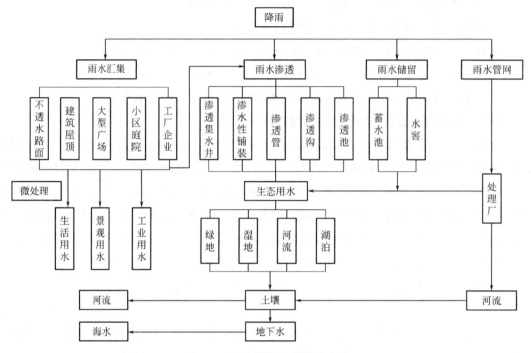

图 6-18　雨水资源化利用技术图

由于雨水的可生化性较差，且具有季节性特征，宜尽可能简化处理工艺。雨水水质净化可采用物理法、化学法或多种工艺组合等。雨水资源化利用技术应优先收集屋面雨水，不宜收集机动车道路等污染严重的下垫面雨水。屋面雨水的水质处理可以选择下列工艺：

（1）屋面雨水→初期径流弃流→景观水体；

（2）屋面雨水→初期径流弃流→雨水调蓄池沉淀→消毒→雨水清水池；

（3）屋面雨水→初期径流弃流→雨水调蓄池沉淀→过滤→消毒→雨水清水池。

当用户对水质要求比较高时，可增加混凝、沉淀、过滤后加活性炭过滤或膜过滤等深度处理设施。回用雨水应消毒。若采用氯消毒，当雨水规模不大于 $100\mathrm{m}^3/\mathrm{d}$ 时，可采用氯片作为消毒剂；当雨水处理规模大于 $100\mathrm{m}^3/\mathrm{d}$ 时，可采用次氯酸钠或其他氯消毒剂消毒。

目前国内部分城镇雨水资源化利用工程处理工艺见表 6-1。

国内部分城镇雨水资源化利用工程处理工艺表　　　　　　　　　　　　　　表 6-1

收集范围	所在地	处理工艺	用途
屋面、比赛场地	国家体育场	雨水→截污弃流→调蓄池→砂滤→超滤→纳滤→消毒→清水池	冷却补给水、消防、绿化、冲厕
屋面、路面、绿地	南京市聚福园小区	雨水→截污弃流→调蓄池→初沉池→曝气生物滤池→MBR 滤池→消毒→清水池	景观、绿化、冲洗
屋面、路面、绿地	北京市政府办公区	雨水→截污弃流→调蓄池→植被土壤过滤→消毒→清水池	绿化

续表

收集范围	所在地	处理工艺	用途
屋面、路面	天津市水利科技大厦	雨水→截污弃流→调蓄池→MBR 滤池→消毒→清水池	冲厕
道路、绿地、山地	北京市青年湖公园	雨水→截污弃流→调蓄池→植被土壤过滤→消毒→景观湖	景观、绿化、冲洗

6.3.6　水权交易分配技术

取水权在进入用户端并转化为用水权后，就可按照市场规律来进行水权的流转与重新配置。用水权交易通常包括用水权登记机制建立、水价确定、交易方案设计、交易平台建设等内容，但在进行交易之前，先要摸清楚用水户手中有多少可交易的用水权，并依此制定可行的交易方案。用水效率控制红线是衡量用水户是否需要进行水权交易以及评估交易量大小的重要标准。水权交易分配包括以下步骤和内容：

1. 制定用水计划

根据区域水资源需求和分配的取水权，制定各行业年度用水计划。该步骤是一个重要环节，由此实现了由取水权向用水权的转换。水资源需求按用户特征分为河道外需水和河道内需水，按行业特点又可分为生活、生产和生态需水。驱动水资源需求增长的因素是人口增加与经济发展，制约需求增长的因素包括水资源条件、水工程条件、水市场条件和水管理条件。在编制用水计划时，要充分考虑这些正面和负面因素，在不突破水资源开发利用控制红线的基础上给出可行的用水计划安排。

2. 分析节水潜力

调查选取国内外先进节水城市的用水效率指标，对比分析当前研究区的用水水平及节水潜力。在用水效率指标中，除《国务院办公厅关于印发实行最严格水资源管理制度考核办法的通知》（国办发〔2013〕2 号文件）中已给出的万元工业增加值用水量下降比例和农田灌溉水有效利用系数外，还可选取不同行业的万元产值用水量、工业用水重复利用率、节水器具普及率和污水集中处理回用率等指标作为补充。通过分析上述指标，分析差值并估计最大可能存在的节水量。

3. 给出水量折算系数

在进行交易时，要考虑水源工程位置差异会造成所转让水量在途中发生损耗的可能性（如从流域上游向下游转让），因此不同水源工程的交易双方不能以等量的用水权进行交换，此时要通过一定比例来进行折算。交易时的水资源损耗量可根据区域水资源系统模型计算得到，该模型通过一系列描述水资源在区域内部"状态转移"的数学表达式，实现对水资源流动方向和供用耗排关系的仿真模拟，再由给定的用水权交易数量就可得到其损耗量，由此可进一步推算出水量折算系数。为简化交易流程，可事先在研究区内部划分出若干个用水条件相近的控制单元，将同一控制单元内部的水量折算系数视为相同。

4. 计算可交易用水权

可交易用水权主要来自政府预留用水权、用户节约所得用水权以及其他途径得到的用水权。要想在不扩大用水规模的前提下获得更多可交易用水权,一是要靠地方政府的宏观经济政策调控,加快向节水型社会的转型;二是要靠用水户自觉节水意识的提高,遏制水资源浪费。为此,应综合考虑政策调控带来的节水能动性和用水户的节水潜力,分析给出各行业和重要用水户的可交易用水权,并按照重要性进行排序。

5. 提出用水权交易方案

用水权交易决策模型是一个最优化模型,它以用水权交易的综合效益最大(如缺水量最小)作为目标函数,以满足用水效率控制红线作为硬性约束,同时还考虑了水量平衡约束、可供水量约束、节水潜力约束、用水行业或用水户交易次序等其他约束条件。采用系统优化技术或计算机模拟技术对该模型进行求解,可得到满足所有约束条件的用水权交易方案。

2020年12月,湖南雨创环保科技有限公司分别与湖南高新物业有限公司、长沙高新区市政园林环卫有限公司达成水权交易,成为我国第一笔作为非常规水源的海绵城市雨水资源水权交易案例。2021年1月,由中国水权交易所确认的全国首宗城市雨水水权交易鉴证书在长沙高新区颁发。此次由中国水权交易所颁发的这宗鉴证书分为两套:第一套交易,湖南雨创环保工程有限公司以0.7元/m³的价格,对湖南高新物业有限公司集蓄在"尖山印象"公租房地下的雨水(每年按4000m³计)进行收储和简单处理;第二套交易,"雨创环保"将上述处理过的雨水资源,以3.85元/m³(比当地自来水价低20%)的价格,转让给长沙高新区市政园林环卫有限公司,用于园林绿化、环卫清扫等作业用水,替代原来所用的自来水。长沙高新区海绵城市雨水资源资产化暨水权交易的顺利达成,为雨水资源集约、节约利用提供了成功的案例,为全国开展海绵城市建设提供了新的思路。

6.3.7 建设效果动态管理技术

海绵城市建设效果监测评估应遵循科学规范、因地制宜、经济高效、边界清晰、安全可靠的原则,通过典型排水分区的监测对城市建成区整体的海绵城市生态建设效果进行评价。

1. 方案设计

海绵城市生态建设监测评估应选择城市建成区拟评价区域内至少1个典型排水分区,对涵盖源头、过程、末端的典型项目与设施、管网关键节点及其对应的受纳水体进行系统分析,对水量(流量、水位、降雨量等)、水质等进行同步监测。

2. 数据监测

在充分收集利用水文水利、环保、气象等既有监测数据的基础上,采取在线与人工监测相结合的方法对水量(流量、水位、降雨量等)、水质进行监测。

（1）水量监测

1）流量监测方法包括电磁、超声波、涡轮、薄壁堰、超声多普勒流速-面积法、雷达流速-面积法等。

2）水位可采用压力、超声波、雷达、浮筒、磁致伸缩、磁阻、电容等传感器或视频图像辅助标尺等方式进行监测，连续监测数据的自动记录和上报步长不应大于5min，在桥区等预期水位变化较快的区域，不宜大于2min。

3）水位监测设备应根据现场工况选择合适的传感器和安装方式，测量误差小于等于全量程的1%，测量分辨率不大于0.5mm，可通过组合传感器避免测量盲区。

4）地下水（潜水）水位监测应符合国家标准《地下水监测工程技术规范》GB/T 51040—2014的规定。

5）设施表层土壤渗透系数可采用渗透仪、双环入渗仪进行监测，设施表层土壤渗透系数应在雨季或汛期前、后各监测一次。

6）降雨量、气温、气压、蒸发量监测应符合现行国家标准《地面气象观测规范》系列标准的规定。1个监测项目宜配备1套气象监测设备，所选监测项目距离较近时，可共用气象监测设备。

（2）水质监测

1）水质监测应采取在线采样与人工采样相结合的方式开展。

2）自动采样器的采样口安装应防止受流量测量设备干扰，且应安装滤网以防止堵塞。

（3）数据采集

1）应以监测设备安装竣工图为底图，详细记录监测点位、监测内容、监测方法、上下游管网运行工况及缺陷修复记录、设备测试与校准等信息。

2）宜建立可评估、可追溯的一体化监测管控系统，实现设备管理、数据查看、日志查询、统计分析、数据对比、报警信息等基本管理功能。

（4）分析评估

1）水量监测数据。根据项目与设施、管网关键节点、受纳水体、易涝点积水流量或水位等变化过程，结合模型模拟方法，应分析典型场降雨条件下以下内容：

① 结合表层滞蓄空间或调节、延时调节空间水位变化过程，以及土壤或人工介质的表层渗透系数监测数据，分析设施表层入渗量/延时排放量与排空时间；

② 设施进水、超越排放、溢流排放、底部排放水量；

③ 设施及其对项目、排水分区外排峰值流量、峰现时间、径流体积、积水内涝的控制效果；

④ 设施、项目及排水分区的水量平衡；

⑤ 渗滞设施表层土壤或人工介质渗透能力、表层滞蓄空间的排空时间变化规律及对径流控制效果的影响；

⑥ 监测年及各月的径流总量控制率；

⑦ 监测年及各月的水量平衡分析。

2）水质监测数据。根据项目与设施、管网关键节点、受纳水体污染物浓度变化过程，应分析典型场降雨条件下以下内容：

① 下垫面的径流污染特征，包括场降雨事件平均浓度（EMC）、是否存在初期冲刷现象等；

② 设施及其对项目、排水分区外排径流污染物浓度（EMC）及污染物总量的控制效果。

3）可分析水体水质变化特征。

配合水量监测数据，应进一步分析典型雨量、历时、强度的场降雨条件，以及连续降雨条件（月、年）下以下内容：

① 下垫面径流污染物总量；

② 设施及其对项目、排水分区径流污染物总量的控制效果。

（5）实施建设效果"一张图"

综合运用基础地理数据、水文水利、环保、气象等基础数据和业务数据，结合 GIS、遥感、大数据、云计算等技术手段，对多时空海绵城市生态建设相关水质水量数据进行综合管理与分析，为海绵城市建设效果动态管理等业务应用系统的快速搭建提供数据支撑。以此为基础，开发专业计算机软件分析功能，辅助管理者进行科学管理和决策，实现实时信息汇总、分析、统计与展示等功能，提高海绵城市生态建设动态管理科学化、自动化、智能化水平。海绵"一张图"主要包括基础地理、遥感影像、水文水利、环保、气象基础和专题等数据，并具备海绵城市建设效果动态管理、城市排水/降雨在线监测、防汛应急指挥调度决策支持、黑臭水体监管决策支持和海绵设施联合调度决策支持等功能。

6.4 应用实例

6.4.1 云南省玉溪市海绵城市建设试点工程

1. 区域概况

云南省玉溪市属于典型的高原湖盆区，山脉纵横、河湖众多，山地、峡谷、湖泊、盆地相间，海拔悬殊，全市面积约 1.5 万 km^2，山地占 90%。市政府所在地为红塔区，红塔区面积 1004km^2，人口 50.3 万人。试点区域位于城市总体规划中的"一中心、四组团"的中心组团东部，为城市中心组团的核心区。试点区域以老城为主，加上部分近期规划向北拓展的新区，东至城市规划边界，西至白龙路、珊瑚路，南至红塔大道，北至玉江大道，面积为 20.9km^2，人口约 20 万人，1981～2010 年平均降水量为 909mm。试点区内水资源（人均水资源量低于 500m^3、严重不足）、水安全（半数易涝点分布于此、内涝多发高发）、水环境（老城雨污合流、雨水径流面源污染严重）问题突出，具有示范的代表性和典型性。

2. 建设目标

试点区域海绵城市建设以旧城改造优先，通过"以旧带新、新老结合"的建设方式，将试点区域建设成具有吸水、蓄水、净水和释水功能的海绵体，提高城市防洪排涝减灾能力、改善城市生态环境、缓解城市水资源压力，以试点区域为启动点，最终推动玉溪市中心城区及全市海绵城市的整体进程，将玉溪建成西南高原湖泊地区"山-城-湖"海绵城市规划核心示范区。

根据住房城乡建设部发布的《海绵城市建设技术指南——低影响开发雨水系统构建（试行）》，通过玉溪市径流系数及设计雨量等相关参数的合理计算，确定试点区域年径流总量控制率、径流污染控制、雨水资源化等目标；根据国家标准及玉溪市相关规划，明确试点区域的排水防涝标准及防洪标准。

（1）年径流总量控制率

根据《海绵城市建设技术指南——低影响开发雨水系统构建（试行）》，玉溪市位于径流总量控制分区中的Ⅱ区（80％≤α≤85％），根据玉溪1981～2010年降雨规律和气候变化，得到玉溪市不同径流总量控制率对应的设计雨量，玉溪市年径流控制总量与设计雨量对照如表6-2所示。

玉溪市年径流控制总量与设计雨量对照表　　　　　　　　　　　　　表6-2

年径流总量控制率	60％	70％	75％	80％	85％
对应的设计雨量(mm)	11.1	15.2	17.9	21.8	25.8

根据玉溪市年径流总量控制率现状和综合径流系数现状，通过综合分析确定试点区年径流总量控制率目标为82％，其对应的设计降雨量为23.9mm。

（2）径流污染控制

试点区域涉及玉溪大河和东风大沟两条河流，目前玉溪大河为Ⅳ类水，东风大沟为劣Ⅴ类水。玉溪市老城区排水系统为合流制，雨水径流污染对污水处理厂负荷冲击较大，城市面源污染通常占到城市污染源总量的50％以上。结合中心城区海绵城市建设雨水系统及各工程技术污染物去除效果，确定试点区玉溪大河和东风大沟水质目标为Ⅳ类水，年SS总量去除率目标为60％。

（3）雨水资源化

中心城区水资源资源型、水质型缺水并存，且连年干旱导致区内水资源总量下降。雨水资源化利用是缓解水资源短缺形势的重要途径，根据中心城区地形条件、降雨、径流特征及工程可实施性，确定试点区域雨水收集利用率占全区用水比例为10％。

（4）排水防涝标准

玉溪市中心组团防涝标准为30年一遇设计暴雨不成灾，试点区域位于中心组团。

（5）城市防洪标准

玉溪市中心组团防洪标准为 100 年一遇，城市山洪标准为 50 年一遇。试点区域位于中心组团。

玉溪大河按 100 年一遇，红旗河、东风南干渠、东风北干渠、八里沟、中心沟、玉带河等均按 50 年一遇标准进行防洪建设。东风水库校核洪水标准按 2000 年一遇，飞井水库校核洪水标准按 1000 年一遇。

3. 技术路线

通过对城市水资源、水环境、水安全、排水、防洪、防涝等城市基础条件的分析，明确在海绵城市建设过程中面临的问题和需求，在试点范围内通过系统性分析，实现"渗、滞、蓄、净、用、排"六类工程在试点区域的建设实施。

同时将海绵城市建设的理念、实施目标、实施策略纳入城市规划体系及政策制度建设的过程中，对城市相关规划的编制提出建议，制定一系列政策、导则、实施办法等，将海绵城市建设总体目标融入城市规划建设管理中。海绵城市建设技术路线图如图 6-19 所示。

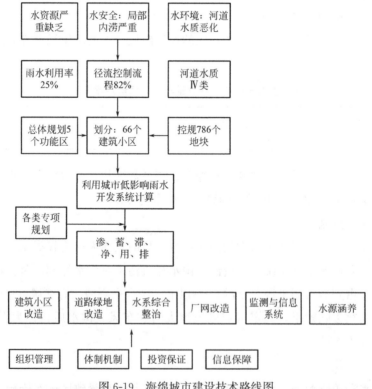

图 6-19　海绵城市建设技术路线图

操作层面，首先对试点区的用地特征进行初步统计，以路网和水系为脉络，划分为综合地块、路网、水体三大类型；其次，依据中心城区普查数据与重点调查数据，并结合规划及遥感影像分析，考虑试点区域建设周期及实施难度，通过对试点区用地性质、现行规划、建设时序及改造难易程度等进行综合分析，将试点区划分为 66 个海绵分析地块，并根据地块功能划分为生态产业区、山地生活区、商贸居住区、滨河休闲区与生态文化区等五个功能分区，通过不断交互模拟进行总体目标可达性分析。

4. 建设内容

玉溪市海绵城市建设试点确定的项目共包含建筑小区类、城市水系类、城市道路类、厂网建设类、生态涵养类、监测平台类六大类，合计总投资 48.7 亿元。其中建筑小区类 12.2 亿元、城市水系类 18.5 亿元、城市道路类 1.8 亿元、厂网建设类 8.9 亿元、生态涵养类 7.0 亿元、监测平台类 0.3 亿元。

（1）建筑小区类

以"渗""滞""用"为目标，将示范区划分为 66 个建筑小区，充分考虑片区现状与规划情况，从街区角度，分地块提出下沉式绿地、透水铺装、绿色屋顶、雨水桶建设指标与目标，将海绵城市建设理念落实到地块与街区。

以"渗""蓄"为目标，依据城市总体规划及绿地系统规划，全方位融入海绵城市建设理念，加大城市绿地建设力度，增加城市绿地总量，充分发挥城市绿地蓄滞雨水的功能，缓解城市排涝、防洪压力。城市绿地与广场类项目共改造 7 块已建公园绿地，新建 15 块城市绿地，包含在 66 个建筑小区范围内。

通过在各地块下凹式集雨设施、透水铺装及雨水收集设施等低影响开发措施的建设，综合地块内每年可控制的径流量为 425 万 m^3，结合试点范围内的城市道路、城市绿地与广场、城市水系等系统性工程措施的建，试点区域内每年可控制的径流总量为 1195 万 m^3。各建筑小区低影响开发措施分布及强度如图 6-20 所示。

（2）城市水系类

以"排""蓄""滞"为目标，依据城市总体规划及相关专项规划建设完善城市防洪体系，充分利用现状自然水体建设湿塘、雨水湿地等具有雨水调蓄功能的低影响开发设施；对城市河道进行自然化改造，使之具有防洪、蓄水、生态等多重功能，水系之间连通成网，雨季分洪，旱季输水互补。

城市水系类项目包含玉溪大河防洪水系综合整治工程、东风大沟生态河道治理工程、红旗河生态河道治理工程、玉带河环境综合整治工程、中心沟环境综合整治工程。

（3）城市道路类

以"渗透"为目标，依据城市总体规划及道路交通专项规划，按照低影响开发理念配套设置雨水综合利用措施，建设低影响城市道路雨水系统，对

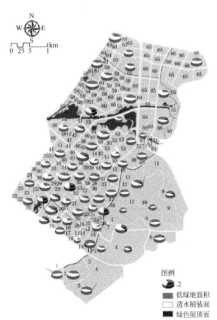

图 6-20　各建筑小区低影响开发措施分布及强度图

城市道路系统进行建设，同时依托改造道路与新建道路，按雨污分流排水体制，结合城市综合管廊建设，实施排水管网改扩建工程，重点解决"排""渗"的问题。

城市道路类项目包含 2 项工程，现有城市干道人行道透水铺装改造工程，共计 13 条道路，15 万 m^2 的改造面积；新建道路透水及下凹式绿化工程，共计 15 条道路，15 万 m^2 的透水铺装和 18.5 万 m^2 的下凹式绿地建设。

（4）厂网建设类

以"排""净"为目标，依据城市总体规划和给水排水专项规划，分别对老城区 30km 的雨污合流制管网进行改造，在新城区同步建设 48km 雨污分流管网；同期开展玉溪市 2 万 t/d 污水再生利用及 7.9km 的管网配套工程建设。

（5）监测平台类

通过对排水管网在线监测系统及海绵城市信息管理平台的构建，对海绵城市试点建成后的各项指标进行实时监测，评估工程效果，提高海绵城市信息化、科学化、现代化和规范化水平。建立排水系统在线监测系统，不少于 30 个监测点；建立海绵城市一体化信息管理平台，实现海绵城市规划建设统一管理。

（6）生态涵养类

试点区域生态涵养类项目布局如图 6-21 所示。生态涵养类工程主要建设于城市建成区外，具体工程有玉溪市中心城区集中式饮用水水源地东风水库水污染综合整治工程、飞井水库径流

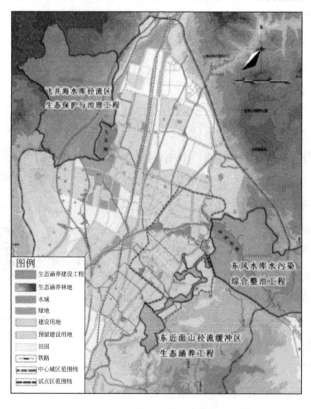

图 6-21　试点区域生态涵养类项目布局

区生态保护与治理工程、东近面山径流缓冲区生态涵养工程等，城市近面山及河流上游对城市生态、防洪、水源涵养具有重要意义，海绵城市建设将这些区域纳入建设范围。

5. 典型案例：东风广场生态景观建设项目

（1）建设概况

东风广场位于玉溪市红塔区红塔大道与东风中路交叉口，改造前是玉溪人民的"大广场"，人流聚集和使用量较密集，但缺乏清晰的空间结构和活动吸引力。根据海绵城市建设整体要求，场地的年径流总量控制率需要达到 92.9%，通过构建生态缓冲及雨水调蓄控制体系，使项目建成后具有推广性以及示范性。在解决雨水径流污染问题的同时，同步提升景观环境品质，改善交通组织，使陈旧的老广场重新焕发活力，生态性、公益性和文化性并重。东风广场生态景观建设内容包括：活动广场、中心水景、自然式种植群落、动线组织、生态湿塘、雨水花园、景观廊架、艺术构筑物、展示牌建设等。

（2）建设策略

东风广场生态景观建设项目主要的挑战有：怎样较好地处理功能和形式的关系、现有资源和改造干扰的关系、海绵对绿地的占用和种植提升的关系，并且为市民增加更为舒适的活动场地。该项目坚持"低影响开发和最小化干扰""生态审美下的城市空间""回归人的海绵城市"的三项策略来应对挑战，构筑新的海绵广场肌理和景观。项目建成后的鸟瞰如图 6-22 所示，项目平面效果如图 6-23 所示。

图 6-22　建成鸟瞰图　　　　　　　　　图 6-23　平面效果图

1）策略一：低影响开发和最小化干扰

改造前广场铺装大多数为不透水铺装，产生径流量较大。现状绿地大部分高出道路广场，造成雨水难以进入绿地；表层红土之下的黏土透水性一般，不利于雨水滞留渗排。按照海绵城市建设要求进行严谨的计算和布局，项目共建设雨水花园 462m²，植草沟165m²，生态滞留带 791m²，湿塘和湿地 180m²，地下蓄水回用池 300m³，使用生态透水铺装 1076m²，实现了建设目标。改造后的广场体现着生态理念的创新，透水铺装运用了包括透水碎石路、大孔隙块石步道、陶瓷透水砖、透水混凝土面层等新技术类型；蓄水池在当地蒸发量大的气候特点下发挥了应用的作用，实现了对绿化喷灌系统的回用补水。生

图 6-24 生态湿地实景图

态湿地实景如图 6-24 所示。

2）策略二：生态审美下的城市空间

原有场地绿化空间和活动空间严格分离，园林成为仅供观赏的图景或者不允许践踏的"禁地"，通过在原有绿化空间中开辟新的园路游线（优化集水方向和最大化生态接触面）和多层次的自然式种植，将大众脚步放慢，引入可游、可体验的动植物栖息空间。园林的提升改造还体现在和低影响开发措施的融合上，通过雨水花园、植草沟、生物滞留带等使绿化得以重点提升。在雨水生境中选用的多年生本土植物，耐旱、耐湿性好，对当地的气候条件、水土条件有很好的适应能力，每一场雨后都成为草木生长的旺盛期，和原生乔木群落一起，散发着田园诗歌般的感召力。

3）策略三：回归人的海绵城市

海绵城市搭建了人和公园的新关系。每一处城市空间皆是人文景观，改造后的广场内可以举办健身活动和即兴表演；为市民健身活动、户外阅读、赏花赏鸟、沐浴阳光提供了足够的场所，紧凑的布置也使其成为聚集城市活力的标志性场所。原广场的废弃喷泉被重新开发利用，这里被改造成孩子们的戏水乐园，醒目的色彩和有趣的水循环设施增加了互动参与的可能性。水是人居环境的主要缔造者之一，同时也是重要的生态因子和地域文化因子。海绵城市通过在以人为本的理念下实施也得到了越来越多的当地市民的支持。

6. 建设成效

自 2016 年 4 月玉溪市被列为云南省的海绵建设国家试点城市以来，按照"水安全保障、水生态良好、水资源持续、水环境改善、水文化丰富"的要求，海绵城市建设取得积极成效。

（1）通过海绵城市建设，有效解决了试点区域内的水资源紧缺、面源污染、洪涝多发易发等突出问题。玉溪海绵城市建设项目实施后，加大了对城市径流雨水源头减排的刚性约束，优先利用自然排水系统，充分发挥城市绿地、道路、水系等对雨水的吸纳、蓄渗和缓释作用，使城市开发建设后的水文特征接近开发前。有效缓解了城市内涝，中心城区每年减少洪涝灾害直接经济损失 6500 万元以上；提高了雨水利用节约水资源，试点区内每年至少可收集约 1133 万 m^3 雨水，可节省用水成本 5300 万元；削减了城市径流污染负荷，年 SS 总量去除率可达 60%，城市面源污染基本得到控制。城市生态环境得以改善，地下水位逐步得到恢复，土地升值 30% 以上，试点区域范围内 20 万人直接受益，试点区范围外的 10 万人口间接受益。

（2）通过海绵城市建设，打造了"海绵城市规划"样板。玉溪市通过海绵城市建设试点，努力建成高原湖泊地区"山-城-湖"海绵城市规划建设样板示范区，积极探索海绵城市专项规划研究、多规合一、建设效果"一张图"等城市规划新理念。引领和带动一批西部高原山地中小城市开启海绵城市建设模式，在国家生态敏感地区因地制宜确定新型城镇化发展模式。

（3）通过海绵城市建设，玉溪市在海绵项目建设管理、组织考核实施、PPP 模式推广等方面形成了一批政策和技术标准体系。玉溪市通过此次海绵城市建设实践契机，积极探索了城市智能管理、信息动态监测、遥感技术运用、水务改革一体化等城市管理能力建设；积极探索了城市建设发展中 PPP 运作思路和模式创新；全面丰富和提升了"海绵玉溪"的品质与内涵。

6.4.2　广东省广州市东濠涌深层排水隧道工程

1. 工程概况

广州市 2010 年经过亚运水环境整治后，中心城区大力推进排水改造，200 多个内涝点得到缓解。但广州市强降雨造成的水浸街问题尚未得到根本解决，水生态环境还受到初期雨水的污染。广州市东濠涌深层排水隧道工程正是在此背景下诞生。

（1）片区概况

广州市东濠涌西起康王路，东至东濠涌泵站，由东濠涌和新河浦涌组成，东濠涌流域所在的越秀区属于老城区，沿河涌建设有合流制截流式排水管渠系统。东濠涌流域涵盖范围面积约为 17.68km²，总人口约 120 万，旱天污水量约 35 万 m³/d。广州市东濠涌深层排水隧道为猎德污水处理系统的重要组成部分，其服务范围北至云台花园南门、南临珠江、西临文德路、东接沙河涌流域，面积约为 12.47km²。广州市东濠涌流域地图如图 6-25 所示。

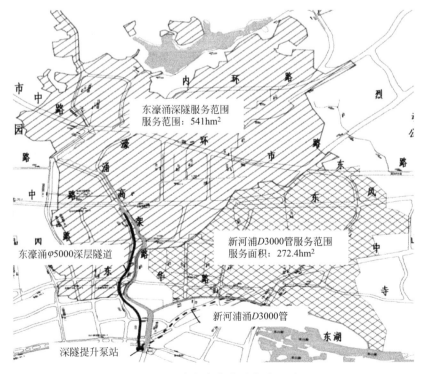

图 6-25　广州市东濠涌流域地图

（2）原有排水系统存在的问题

1）东濠涌东侧截污管、新河浦涌两侧截污管旱天高水位运行，部分合流制溢流设施旱天溢流，雨天时无截流能力。

2）东濠涌南段西侧截污管截流倍数按照 1.0 设计，雨季合流溢流污染严重。

3）配合东濠涌二期综合整治工程，中北段截污系统改造后，系统截流倍数提高到 5.0，但由于下游南段转输管制约，雨季超标合流污水仍溢流到东濠涌。

4）东濠涌流域人口和建设密度极大，地表雨水径流产生的城市面源污染严重。

5）浅层排水管道系统建设标准偏低，排水管网重现期大多处于 0.5～1 年，内涝水浸风险较高。

6）由于东濠涌高架桥墩阻水、断面不足等影响泄洪，导致东濠涌河道只能抵抗约 3 年一遇降雨强度。

（3）工程建设目标

东濠涌深层排水隧道是对东濠涌浅层排水系统和河涌系统的补充和提升，其主要工程目标为：

1）减少溢流污染量。雨季作为东濠涌流域合流污水和初期雨水的调蓄隧道，雨后通过尾端污水泵组提升到浅层排水系统送到污水处理厂处理。提高全流域截污系统的截流倍数，大幅减少东濠涌流域各支涌（或渠箱）开闸次数，削减雨季东濠涌流域70%以上的合流溢流污染。

2）辅助东濠涌行洪，缓解浅层水浸。大型暴雨条件下，作为雨水排涝通道，行使排涝功能，经尾端排洪泵组提升后排至珠江，降低渠箱出口水位顶托，配合浅层系统改造，使浅层排水标准提高至 5 年一遇，提高流域内合流干渠的排水标准到 10 年一遇。

（4）建设内容

主隧长 1.77km，外径 6m，隧道埋深地下 30～40m，排水管道长 1.4km，内径 3m；沿线设有东风路、中山三路、玉带涌和沿江路 4 座入流竖井及相应的浅层连接设施，其中东风路竖井、中山三路竖井和玉带涌竖井均采用折板消能竖井，沿江路竖井为旋流式竖井，并在隧道尾端设置大型综合泵站。

2. 建设方案

（1）东濠涌深层排水隧道平面布置

线路走向：隧道起点位于东风东路，线路由北往南沿越秀北路、越秀中路、越秀南路布置，终点位于东濠涌补水泵站。隧道在中山三路下穿地铁 1 号线烈士陵园—农讲所区间、在越秀南路下穿 6 号线越秀南站—东湖站区间，沿线与中山三路、文明路、越秀南路、东堤二马路、沿江路相交，线路基本位于东濠涌西侧与越秀北路、越秀中路、越秀南路之间的狭长地带。东濠涌深层排水隧道平面布置如图 6-26 所示。

（2）竖向设计

越秀北路段（东风东路—中山三路）：隧道段需下穿地铁 1 号线，该线路正在运行，

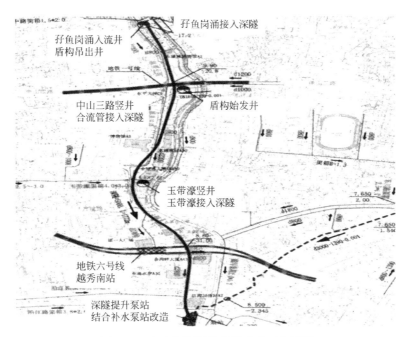

图 6-26　东濠涌深层排水隧道平面布置图

为保证其安全，竖向净距宜加大。由于本段位于中、微风化泥岩层，地质条件较好，以地铁 1 号线轨顶标高约地面以下 20m 作为控制标高，考虑约 8m 以上安全净距，采用 2% 纵向坡度以减少起点段标高，隧道下穿处管片外侧与地铁 1 号线隧道净距约 14.3m。

越秀中路段（中山三路—文明路）：隧道段竖向标高采用与越秀北路段一致的坡度。

越秀南路段（文明路—终点）：隧道段需下穿地铁 6 号线，本段位于中、微风化泥岩层，地质条件好，考虑约 4m 安全净距，采用 0.1% 纵向坡度，减少终点处的隧道埋深。越秀北路和越秀南路深层排水隧道竖向设计如图 6-27 所示。

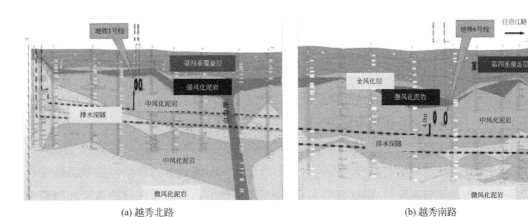

(a) 越秀北路　　　　　　　　　　　　　　(b) 越秀南路

图 6-27　越秀北路和越秀南路深层排水隧道竖向设计图

（3）入流竖井

入流竖井三维图见图 6-28。

(a) 东风路竖井　(b) 中山三路竖井　(c) 玉带濠竖井　(d) 沿江路竖井　　　(e) 提升泵站

图 6-28　入流竖井三维图

（4）综合泵站

综合泵站包括排空泵组、排洪泵组和补水泵组，其中排洪泵组最大设计流量为 $48m^3/s$。

3. 运行调度

（1）旱季运行工况

旱季时，深层隧道竖井的进水水闸处于关闭状态，深层隧道系统不启动运行。污水全部通过现有浅层管渠排水系统收集输送到猎德污水处理厂处理。

（2）小雨运行工况

现有的浅层管渠排水系统按照 1 倍截流倍数进行截污管的设计，满足这种工况条件的排水要求的小雨运行工况，深层隧道排水系统不启动运行。合流污水全部通过现有浅层管渠排水系统收集输送到猎德污水处理厂处理。

（3）中雨运行工况

地表径流量小于浅层排水系统和深层隧道调蓄能力时，充分利用现有浅层管渠排水系统的输送能力基础上，利用深层隧道系统对浅层管渠排水系统溢流的合流污水进行调蓄，深层隧道和竖井的调蓄控制水位在 3～4m。雨后通过深层隧道排空泵输送到浅层污水管道系统，并输送到污水处理厂处理。

（4）大雨运行工况

地表径流量超过浅层排水系统和深层隧道调蓄能力时，在中雨运行工况的基础上，启动深层隧道污水泵组，将合流污水输送入临江主渠箱。

（5）暴雨运行工况

降雨量导致流域范围内有水浸风险时。在大雨运行工况基础上，启动深层隧道尾端排洪泵组。开启各渠箱与东濠涌之间的闸门，利用东濠涌排洪，并启用现有的东濠涌排涝泵站，行使排洪功能。东濠涌深层排水隧道运行系统如图 6-29 所示。

4. 工程管理

建立深层隧道与浅层管渠排水系统的水力模型，利用监测点的实测数据对水力模型进行率定，并按照现状运行策略模拟运行，将模拟结果与实测数据进行对比整合，确定

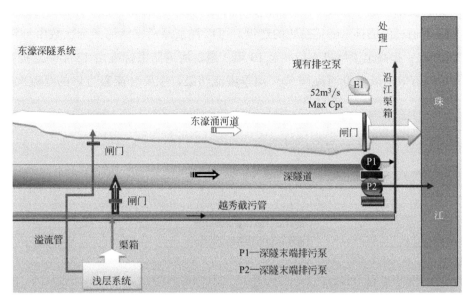

图 6-29　东濠涌深层排水隧道运行系统图

最不利溢流点及最不利内涝点，并从中确定调度运行的控制点，基于控制点进行各子系统调度工况的循环模拟，优化闸、泵调度设施的运行参数，得到更优的调度策略和模型。

　　基于优化调度运行策略和模型，搭建稳定的信息采集、信息传输系统以及执行设备控制系统，与工程设计调度系统相融合，集成包含深隧和浅层管渠的排水系统优化调度运行系统，经测试达到优化调度要求后，投入使用。优化后实施建立的东濠涌排水系统优化调度系统，自控设备仍采用深隧工程设计的自控系统设备，最大限度确保实现软、硬件的共享与无缝集成，避免重复投资、多头控制，对建设目标造成的干扰或混乱。优化调度系统、管理单位在以太网中同属一个 VPN 网络，相当于局域网内部通信，这样确保了通信的安全与通畅。在系统控制方面，根据现场实际情况，将有条件实现远程监控的部分关键浅层闸、泵站的调控，采用通过网络直接由东濠涌排水系统优化调度系统统一监控，实现全自动控制；暂无条件实现远程监控的部分非关键浅层闸、泵站，采用由东濠涌排水系统优化调度系统发布指令，通过手机短信、电话（固定与移动）等通信方式传达到操作人员，由操作人员人工执行并反馈的方式实现。"优化调度运行研究"相关技术成果在东濠涌深层隧道排水系统中的应用，能够保障深隧排水系统最大化发挥其减少内涝和溢流污染的效能，提高深隧运维单位对深隧排水系统的运行管理水平。

5. 建设成效

　　海绵城市生态建设是一个系统工程，包括低影响开发海绵系统、城市雨水管渠系统、超标雨水径流排放系统以及相关制度建设和水文化传承等，在洪涝灾害较为严重的大型城市，地面的排水设施建设代价非常昂贵的情况下，建设深层排水隧道等大型排水蓄水场所和调度系统非常必要。2018 年 12 月，广东省广州市东濠涌深层排水隧道工程已全线贯通，通过深层排水隧道系统的建设，可以将东濠涌支涌的开闸次数由每年 60 次减少到 3~5 次；提高全流域排水标准至 10 年一遇；河道防洪标准由 15 年一遇提高到 50 年一遇；可以有效削减东濠涌流域 70％雨季溢流污染，主要合流溢流口的溢流次数减少80％以上。

第7章 智慧水务生态建设

7.1 基本内容

城市智慧水务生态建设，是以全面推进以云计算、物联网、大数据、移动互联网等新一代信息通信技术与水的生态循环深度融合为导向的新模式，是以提高城市生态环境治理和服务水平，促进生态系统质量和稳定性为目的的新形态，是以落实国家网络强国、数字中国、新型城镇化发展战略，改善人居环境，促进智慧城市发展为对象的新时期系统工程。

通过城市智慧水务生态建设，可在生产、管网、客服等方面充分应用智慧化手段，在饮用水安全保障、供水计量、城市内涝治理、城市节水等方面应用智能预报预警系统。通过智慧云水务构建完善的水务信息化基础设施，在应急指挥、灾害预警、水务监管、环境保护等领域建立智慧决策体系，实现水务全过程的智慧化管理，推进城市水的生态循环建设。

7.1.1 组建智慧水务生态数据中心

组建智慧水务生态数据中心，智能分析评估支撑水的生态循环全过程数字信息，进行科学决策和统筹管理，保证数据真实性和有效性，提升城市智慧水务生态建设的准确性和稳定性，智慧水务生态数据中心涉及的数据包括监测数据、业务数据、空间数据。其中，监测数据包括水质、水量、水文、水环境、工程工情、水资源、水生态、防汛等，业务数据包括管网日常巡检、水质检验、应急管理、防汛排涝等数据，空间数据包括 GIS、BIM、卫星影像等数据。以上数据具有不同类型、不同来源、不同时间、不同特征、不同格式的性质，在对这些数据进行交换、清洗、融合后形成一个有机数据库，并由此挖掘、提炼和分析形成专家知识库，并组建成基于大数据技术的城市智慧水务生态数据中心。

7.1.2 建立互联网＋模型分析评估体系

1. 水资源与水质的监测、分析与评估系统搭建

通过搭建基于云计算的大数据分析系统，针对复杂的水循环、水分配和水调控过程进行高速运算和模拟，完善水资源分析评价、水资源配置调度等模型；再通过无线网络，将水质监测系统中得到的数据回传至水务管理系统，进行分析评价并进行水质变化情况实时展示，得到相应的对比分析报告，为预防水质超标提供数据支撑。

2. 设备、工艺运行工况监控和分析预警

通过云计算、大数据等科学信息技术与专家指导相结合，对数据进行分析评价，挖掘数据的最大利用价值，实现设备运行工况监控和分析预警，为管理人员提供工艺运行调度的优化方案、工艺异常处理方案、设备性能运行成本分析、水厂运行成本分析等，精准化辅助调度决策，加强水生态环境的治理效果，增强对突发性事件和潜在危险的快速反应能力。

3. 供排水系统运行状况分析与建模

利用经过验证的供排水管网模型，整体评估供排水系统的运行状况，进行问题诊断和原因识别，为供排水管网规划、运行维护以及辅助决策和管理等提供参考。其中，对供水管网可进行水厂和用户节点处的压力分析、流速分析、往复流分析、水龄分析、流量分析等，模拟全管网压力、流速等动态工况信息分布；针对供水管网的漏损管理，可借助 EP-ANET 一类的水力模型和数据分析优化 DMA 分区划分和设备部署，后续利用夜间流量分析、模式分析等对中长期漏控工作进行复盘与评估，分析关键问题，提供改进建议，建立持续改进的长效管理机制。

利用雨洪管理模型对管网进行结构瓶颈分析、淤积风险分析、水力负荷分析、溢流风险分析、内涝风险分析等，并辅助确定排水管网中混接水量及其来源，智慧指导雨污混接改造工作。通过耦合模型进行水污染溯源分析，计算水系纳污能力，可为城市水污染排放规划和水污染防治量化提供依据。

7.1.3　推进水的生态循环全过程数字化和信息化管控

1. 智慧水务生态循环数据与城市水系统联动体系建立

通过新一代信息通信技术与水的生态循环深度融合，建立从水源地到排污口的全过程智慧水务生态循环的数据采集存储、运行情况可视化监测管理系统，实现监测数据的自动化采集以及实时传输，并通过多维度数据综合分析形成预测预报机制。推动智慧水务生态循环数据与城市水系统运行实体连通，打造城市水的生态循环数据联动体系，提升水的生态循环优劣的精准评判能力。

2. 城市智慧水务实现的路径

城市智慧水务实现的路径，主要从三方面进行设计、构建与应用：城市供水系统、城市污水（合流）系统与城市雨洪系统。

（1）对于城市供水系统，为了能够持久稳定地实现产销差控制目标，达到节水的目的，首先，城市供水系统运行管理人员可通过对城市供水管网进行独立计量区域（District Metering Area，DMA）分区管理，对各分区内的流量、压力和水质等进行实时监测，从不同空间尺度、不同时间尺度统计分析分区的漏损和产销差现状。然后，再通过对管理区域内的产销差现状的管理、水平衡测试，实现对供水系统漏损或问题区域快速判断，实现设备故障、水量异常的在线报警，减少漏损情况的发生。实现对城市供水重特大事故的快速反应、资源调配、可视化调度、信息发布、远程指挥及应急结束后的评价考核，实现跨专业跨部门的实时调度，从而提高供水质量和安全性，推进水质健康生态的数字化管控。最后，运行管理人员基于监测数据，进行供水系统运行的短期风险预警及报警，提前预判管道溢流风险、爆管风险等，实现漏损、爆管等事件预警预报信息的及时推送和发布，提升供水系统运行效率，降低风险，推进节水减排生态的数字化管控。

（2）对于城市污水（合流）系统，为了能够对城市的排入河道或其他自然水体的出口、污染源扩散点（面）、污水处理厂（设施）出水排放口等进行在线监测，监管偷排漏排事件，管理污水冒溢等问题，城市污水（合流）系统监测管理人员可以综合地理信息系统技术（Geographic Information System，GIS）、建筑信息模型技术（Building Information Modeling，BIM）和遥感技术（Remote Sensing，RS），对水质健康生态循环过程中的各个环节的水质（物理、化学、生物等指标）进行数值化监测。通过源头减排技术措施治理城市主要的点源、面源污染问题后，再建设覆盖时空全尺度和全信息类型的水务物联网感知系统，对各个污染源扩散点（面）的下游即分流制的污水管网或合流制的截污管网中的混接、错接、破损、污水泵站等问题进行过程监测和控制，对于问题及隐患做到"快发现、短响应、快处置、时反馈"，利用水务系统物联网装备管控系统获得精确的调配方案和管控指导意见，进而强化水污染治理工作落实和监督考核的技术能力和手段，推进了水质健康生态的数字化管控。

（3）对于城市雨洪系统，为了能够实时监测降水量、易涝点和水环境的水位、流量，综合防治洪涝灾害，监控人员可以综合 GIS 和 RS 技术，摸清城市区域雨水管渠、雨水调蓄设施、防汛排涝设施及可渗透下垫面蓄渗能力等底数，提升防汛排涝远期、中期、临期、当前期预测预报的能力，再通过建设覆盖时空全尺度和全信息类型的水务物联网感知系统，对城市区域内的易涝点、湖泊水库、重要河流、雨水管渠实现水情信息自动采集，并根据已收集到的降水量、水位和流量等信息行使预警预报职能，实现对洪涝等灾害能够波及的具体范围的预测，以保障城市的水文循环生态安全。最后通过建立防汛排涝决策支持系统，编制洪涝灾害的应对方案，支撑防汛排涝的精准调度及可续决策，从而让水文循环生态能够全方位、自动化、多要素、智能化地协同动态监控，能够完整并且精确地感知水务动态。

7.2　主要目标

通过大数据、物联网、云计算、移动互联、人工智能、遥感解译、数学模型等技术的应用，构建涵盖取、供、用、排等核心业务的智慧化应用，完善水情信息采集，可视化城市水资源状况，提高政府对城市涉水事务的监控监管能力，为水的生态循环建设提供更精细的管理、更及时的预测预报、更全面的分析评价与更科学智慧的决策支持，为提升生态系统质量和稳定性提供强大的智力支撑。城市智慧水务生态建设的主要目标如下：

（1）监测感知一体化：结合遥感 RS、BIM＋GIS、自动化控制等手段，构建城市范围内水量、水质、水环境等数据完整的一体化监测监控感知体系。将监测数据、业务数据、空间数据形成一个库，实现所有数据的汇聚、处理、整合、分类存储与交换，并充分考虑相关部门之间的数据共享和交互，保证数据安全，构建水务生态数据存储与分析体系。

（2）规划管理数据化：结合智慧水务生态数据库，在水质、水量、供排水、水文循环、水情、水环境污染等各个环节中，实现对其从信息采集到分析评价、指挥调度的全程操作，构建其数学模型，再深度挖掘并提取有价值的信息，为水务工作提供强大的决策支持，为智慧水务"一张图"（图 7-1）奠定基础，强化城市水务管理的科学性和前瞻性，实现规划管理数据化。

（3）决策支持智能化：智慧水务还意味着利用系统对某些事态进行预处理并自主做出决策，如水生态调度、节能减排、水环境污染等，提升城市在应对水资源、水环境等问题的管理水平和应急能力。

（4）生态系统可视化：即智慧水务"一张图"，可将水情监测、水质检测、视频监控、设备监测、水务设施监控、防汛抗旱工程工情等内容整合至统一的平台，实现直观可视化、信息采集自动化、信息系统集成化、决策调度智慧化，提高传统水务信息化建设的精细化和智慧化管理水平，提升城市水安全保障能力。

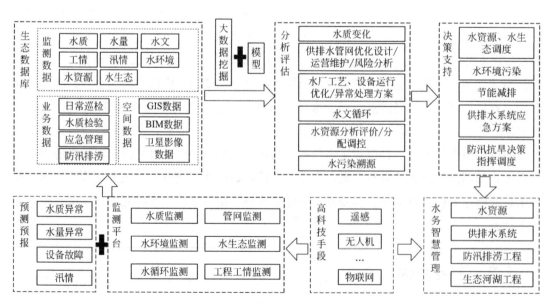

图 7-1　城市智慧水务生态建设一张图

7.3　关键技术

7.3.1　水质健康风险评价

水体中的毒性物质经人体暴露的途径主要有饮水摄入、嘴鼻呼吸摄入和暴露的皮肤接触，其中饮水是人体暴露的重要途径。因此，为了保障居民身体健康和经济建设发展，饮用水水源地的水质需要客观且准确的健康风险评价，以提供水源地环境管理决策依据。健康风险评价是把环境污染与人体健康联系在一起的风险度评价指标，可用于定量描述污染对人体的健康危害风险。健康风险评价模型（美国环境保护局推荐），可用于评估水环境中不同污染物与人体健康间的关系、了解水环境健康状态，以及确定对人体存在健康风险的污染物种类，为智慧化管理水质提供依据。

1. 评价模型

根据国际癌症研究中心（IARC）对化学物的分类，属于 1 类（对人体致癌性证据充分）和 2 类 A 组（对人体致癌性证据有限，但对动物致癌性证据充分）的化学物质为化学致癌物，其他为非致癌物。致癌物和非致癌物的健康风险评价模型不同。

（1）致癌物健康风险评价

致癌物健康风险可按式（7-1）和式（7-2）计算：

$$R_i^c = \frac{[1 - \exp(-D_i q_i)]}{70} \tag{7-1}$$

$$R^c = \sum_{i=1}^{k} R_i^c \tag{7-2}$$

式中　R^c——致癌物的总健康风险值（a^{-1}）；

　　　R_i^c——致癌物质 i 通过饮水途径所导致健康危害的个人平均年风险（a^{-1}）；

　　　D_i——化学致癌物 i 经饮水途径的单位质量日均暴露剂量 [mg/(kg·d)]；

　　　q_i——化学致癌物 i 经饮水途径的致癌强度系数 [mg/(kg·d)]；

　　　70——人类平均寿命（a）。

（2）非致癌物健康风险评价模型

非致癌物健康风险可按式（7-3）计算：

$$R_i^n = \frac{(D_i \div RfD_i) \times 10^{-6}}{70} \tag{7-3}$$

式中　R_i^n——非致癌物质 i 通过饮水途径所导致健康危害的个人平均年风险（a^{-1}）；

　　　D_i——非致癌物质 i 通过饮水途径的单位质量日均暴露剂量 [mg/(kg·d)]；

　　　RfD_i——非致癌物质 i 通过饮水途径参考剂量 [mg/(kg·d)]；

　　　70——人类平均寿命（a）。

饮水途径的单位体质量日均暴露剂量（D_i）可按式（7-4）计算：

$$D_i = \frac{2.2 \times C_i}{70} \tag{7-4}$$

式中　C_i——化学致癌物的浓度（mg/L）；

　　2.2——成人每日平均饮水量（L）；

　　70——居民平均体重（kg）。

（3）总风险评价

假设各有毒物质对人体健康危害的毒性作用呈相加关系，则水中污染物对人类的整体水环境总健康风险 $R_总$ 按式（7-5）计算：

$$R_总 = \sum R_i^c + \sum R_i^n \tag{7-5}$$

在各模型当中，化学致癌物经饮水途径的致癌强度系数、非致癌物通过饮水途径参考剂量的参考值见表 7-1 和表 7-2。

通过饮水途径的致癌物致癌强度系数　　　　　　　　　　　表 7-1

致癌物	Cr^{6+}	As	Cd
$q_i [\text{mg}/(\text{kg} \cdot \text{d})]$	41	15	6.1

非致癌物通过饮水途径参考剂量的参考值　　　　　　　　　表 7-2

非致癌物	CN^-	F^-	苯酚	氨氮	Fe	Mn	Hg
RfD_i $[\text{mg}/(\text{kg} \cdot \text{d})]$	0.037	0.06	0.3	0.97	0.3	0.14	0.0003

2. 风险评价标准

风险评价标准需要建立在风险识别和估计的基础上，综合考虑风险发生的概率、损失幅度以及其他因素，得出系统发生风险的可能性及其程度，并与公认的安全标准进行比较，确定风险等级，由此决定是否需要采取控制措施，以及控制到什么程度。

我国在健康风险评价方面的标准较为欠缺，国外部分机构推荐的最大可接受风险水平和忽略风险水平如表 7-3 所示，其中最大可接受风险水平为 $1 \times 10^{-6} \sim 1 \times 10^{-4} \text{a}^{-1}$，可忽略风险水平在 $1 \times 10^{-8} \sim 1 \times 10^{-7} \text{a}^{-1}$。

国外部分机构推荐的最大可接受和可忽略风险水平　　　　　表 7-3

机构	最大可接受风险水平（a^{-1}）	可忽略风险水平（a^{-1}）	备注
瑞典环境保护局	1.0×10^{-6}	—	化学污染物
英国皇家协会	1.0×10^{-6}	1.0×10^{-7}	—
美国环境保护局	1.0×10^{-4}	—	—
荷兰建设和环境保护部	1.0×10^{-6}	1.0×10^{-8}	化学污染物
国际辐射防护委员会	5.0×10^{-5}	—	辐射

3. 在智慧水务生态建设中的应用

通过水质健康风险评价模型，对水环境中所含有的化学污染物进行分析评价，识别和控制有害物质的主次顺序，科学选择水源地，确保饮用水水源水质安全。水质健康风险评价的操作内容主要是危害判定、暴露评价及剂量-效应评价、风险表征以及风险管理。首先需要提取数据中心中的水源水质、管网监测点水质报告等数据，结合化学物质的现有毒理学和流行病学资料来判定水中污染物对人体健康和生态环境可造成的危害；根据模型进行暴露评价，预测不同情况下人群的暴露量和暴露程度并与实际情况对比分析，评估有害因素的暴露程度和暴露人群出现不良效应发生率的关系，建立剂量和效应之间的定量关系；风险表征则是综合上述获得的数据，通过水质健康风险评价模型对有害效应发生的可能性进行分析，并评价危害强度，为智慧水质风险管理提供决策支持。

7.3.2　管网漏损的智能监测与定位

管网漏损率是影响水务企业经济效益的主要经营指标。通过智慧水务生态建设，制定合理的 DMA 分区方案，从而推动管网漏损控制技术的发展，不断完善供水管网分区计量和管网漏损情况的监测体系，加强供水管网运行数据的精细化管理。此外，利用 GIS 系统、流量压力在线采集系统等基础数据，采用更多、更优的管网漏损相关算法和模型，深度挖掘数据，分析定位管网实际漏损情况，并通过"一张图"集中展现管网、监测点、预警等分布情况，对管线进行动态监测。

1. 供水管网独立计量区域（DMA）技术

（1）定义与目的

供水管网独立计量区域（DMA）在 1980 年初英国水协会"泄漏控制策略和实践"报告中被首次提出，并定义为"分配系统中一个分离的区域，通常由阀门形成或者是完全可以断开的管网，进入或流出这一区域的水量可以计量，并利用流量分析来定量泄漏水平。从而利于检漏人员更准确地判断在何时何处检漏，并进行主动漏损控制"。

实行供水管网 DMA 分区管理的目的是改变传统的水损控制方法，变被动为主动控制供水管网的产销差率，通过管理手段与其有机结合，及时有效地进行管网漏损管控，使供水管网漏损率逐渐降低并稳定至允许水平，从而给供水企业创造经济、社会效益。实现 DMA 区块化、网格化、精细化管理，可以针对漏损重点区域进行有效探漏、修漏，避免了采用全管网普查的形式进行检漏，合理分配包括人力、物力、财力在内的各类资源，使供水企业运营趋于科学化、技术化、合理化。

（2）DMA 的划分原则

DMA 的划分需要遵循以下原则：

1）地理条件便利：综合考虑供水管网范围内地形地貌和城市规划，例如河流、山脉、铁路等，以此作为分界线。

2）适应供水格局：综合考虑现有水厂、泵站的供水压力、管道现状、区域内用水情

171

况等，尽量将区域的分界线划分在供水主干管上。

3）流量计便于安装：考虑方便安装流量计的地段作为区域分界线，尽量减少流量计数量，以减少管理费用和流量计本身误差对分区计量的影响。

4）用水区域封闭：选用供水稳定且基础资料相对齐全、用水模式变化不大的封闭区域或相对封闭区域，一般以三级 DMA 分区管理为宜。

（3）在智慧水务生态建设中的应用

采用智慧水务生态管理，建立 DMA 分区管理产销差管理信息系统和实时在线监测控制系统，进行 DMA 分区内水量平衡分析，利用智能水表等对 DMA 分区夜间最小流量、压力控制等情况进行监测和控制，实现定量各区漏损水平和方向的精细化判断和分析，对严重漏水部位进行精确定位。实施 DMA 分区管理推荐流程如图 7-2 所示。通过多个业务部门的使用和管理，智慧水务生态中的数据中心可以实现信息资源共享以及大数据分析统计，对比并分析各区间的产销差率的变化，实现水量异常报警，为持久稳定地实现漏损控制目标提供有效的决策指导。

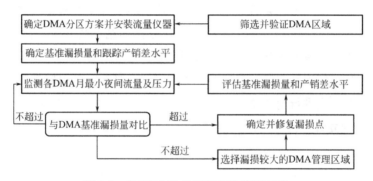

图 7-2　实施 DMA 分区管理推荐流程图

2. 数学模型辅助技术

随着计算机技术的普及，在不断发展和完善管网检漏方法的同时，水务工作者针对漏损的数学模型方面也进行了深入的研究，可分为预测模型和诊断模型。

（1）预测模型

预测模型旨在利用数学中的预测方法挖掘管网漏损历史数据中所蕴含的规律，并对漏损未来的变化趋势做出预测，实现漏点的快速定位和快速修复。预测模型改变了供水行业被动的漏损管理模式。

基于 DMA 分区，夜间最小流量（Minimum Night Flow，MNF）分析多采用预测模型中的灰色模型（Grey Model，GM），以存储在数据中心的大量漏损数据和管道材料等可导致漏损的因素相结合构造模型，评估区域的漏损情况，当某独立分区某时段内瞬时流量超过夜间该时间区间出现的流量最小、用水量最小、最接近理想渗漏量的情况时可实现快速区域定位。

离散灰色模型 DGM（1，1）法是 GM 法的一种新形式，较之更为精确。由史一璇的研究可知，在实际应用当中，对比夜间最小流量移动平均隔差法，基于该理论的预测准确率优于90%，响应时间更短，限制条件更少，更适用于最小流量值的确定以及新增漏损点预测。

（2）诊断模型

诊断模型是在实时监测供水管网中的水量或水压变化的情况下，以监测数据建立数学模型，实现城市供水管网故障的实时诊断以快速有效地诊断故障位置。根据管线的水压及其变化量的监测数据，可对管内水压变化与漏损点进行分析判别。目前，诊断模型主要包括水力模拟诊断模型和神经网络诊断模型，它们以 SCADA 系统的监测数据为基础，建立水力仿真模型，再重点检测数据的突变点，然后再用检漏仪器进一步精确定位，这种情况仅适用于管网突然爆管的情况，对漏损量增加不明显的漏损点也无法检出。

3. 水平衡测试

（1）定义、目的及流程

水平衡测试是通过分析测量输入总水量和输出总水量两者之间的差额，统计各个用水单元实际用水量，得出总水量与各个分水量之间是否平衡的过程。

通过水平衡测试，可以清楚地掌握用户详细的用水现状，建立全面的用水技术档案，判断是否存在漏水的情况，并寻找渗漏的区域。水平衡测试不仅有利于提升节水能力，更能进一步加强水务企业对用水的科学管理，最大限度地节约用水和合理用水。

水平衡测试流程如图 7-3 所示。在准备阶段，需要对用水单位（用水管理情况、以往水平衡测试情况等）基本情况、供水水源及取排水情况、用水计量情况、用水及节水水平等背景资料调查清晰并进行现场调查。接着，要对测试方法和内容、用水分类计算方法、测试结果表格形式进行技术落实，编制水平衡测试方案，方案中包括明确测试范围和内容，划分不同层次的测试单元，选定测试的仪器并进行安装校验等工作安排。根据拟定的测试方案进行实测，做好测试数据的记录，按照用水测试单元的层次进行汇总和合理用水评价，找出不合理用水造成浪费的水量和原因，制定出持续改进方案措施。

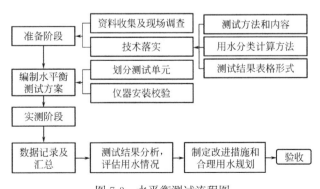

图 7-3　水平衡测试流程图

（2）水平衡测试在智慧水务系统中的应用

水平衡测试可对供水管网进行水量日常监测，结合智慧系统定期定时记录各级水表的运行数据，并对抄表数据和用水基数进行比较分析，以便随时掌握管网运行动态，监测管网渗漏情况与表外非法用水情况。

7.3.3 智慧雨洪管理

1. 雨洪实时监测

通过雨洪实时监测，明确城市水文循环生态建设区的降水与污染物输入，充分进行数据挖掘，掌握历史降水的细节特征，研究局部微地形和下垫面密切相关的降水时空演变规律；并与污染物冲刷规律分析、不同下垫面产汇流特征识别、年径流总量控制率核算、排水工程规划设计等研究需求相结合，定量城市下垫面的污染物输入，识别降水过程中的污染物冲刷规律，分析不同的面源污染削减技术途径，综合评估面源污染控制效果，评估城市水文循环生态系统对水生态环境恢复的效应。

智慧水务对良性水文循环建设过程的监测，应注意以下几点：

（1）采取在线与人工监测相结合的方法，对水量（流量、水位、降雨量等）、水质等进行同步监测；

（2）应充分收集利用水文水利、环保、气象等已有同步监测数据，避免重复监测；

（3）应对监测数据质量和数量进行校核，对数据质量和监测目标支撑度进行评估，确保监测数据真实、准确与完善；

（4）监测设备的选择与安装，应适应设施与排水管网的实际运行工况，应加强对监测设备的测试、校准、检查与维护，确保设备正常运行。

水文实时在线监测系统适用于远程监测自然河流、人工运河、景观河道等的实时水雨情状况，能及时预警洪涝灾害、避免人员和经济损失。然而我国水文情况变化复杂，各地水文特征差异较大，采用人工巡检、驻测等手段对水文情况进行监测、跟踪记录，会导致数据传递慢无法持续性更新，监测维护成本相对较高，而物联网技术的应用可以提高采集数据的效率，降低监测节点的布置成本，结合互联网等技术可形成完整的水文环境监测，是水文监测智慧化的重要手段。

基于物联网技术的水文监测信息系统的基本构成如图 7-4 所示。在数据采集层面，需要在监测点安装各种不同功能的传感器，如水文自动测报设备和水文遥测终端机，实现对水位、降水量、水质、水流速度等数据的采集和视频监控；接着，利用通用无线分组业务（General packet radio service，GPRS）、码分多址（Code Division Multiple Ac-

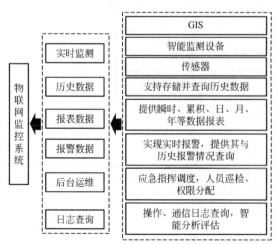

图 7-4 基于物联网的水文监测信息系统结构图

cess，CDMA）或北斗卫星等通信设备与互联网相结合将数据整合后上传存储至数据库中等待调用、分析挖掘，以便水文监测预警平台进行决策，及时发布预警和指挥调度；也可结合地图、时间轴和参数模型，对节点的实时数据和历史数据标示为曲线图，显示在地图上，在预警平台上实时显示，从整体上掌控水域的水文信息。

2. 暴雨洪水管理模型管理

（1）暴雨洪水管理模型模拟

暴雨洪水管理模型（Storm Water Management Model，SWMM）是一个动态的降水-径流模拟模型。它主要用于模拟城市某单一降水时间或长期的水量和水质模拟。该模型可以跟踪模拟任意时刻每个子流域所产生径流的水质和水量，以及每个管道和河道中水的流量、水深及水质等的变化。

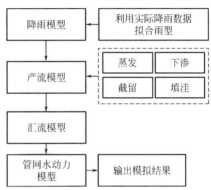

图 7-5　SWMM 数学模型示意图

SWMM 数学模型大致分为降雨模型、产流模型、汇流模型以及管网水动力模型（图 7-5）。模型模拟对象为水质、水力、水文、数据、处理（图 7-6），SWMM 5.0 版本及之后的版本中，处理对象中包含了低影响开发（LID）控制，可对 LID 措施进行模拟。

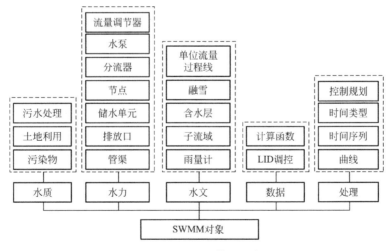

图 7-6　SWMM 模型对象

（2）暴雨洪水管理模型评估

结合 SWMM 模拟计算，分析在不同重现期设计下排水管网的易涝点积水水位、面积等信息，进行城市雨洪风险评价以及内涝预警；结合 SWMM 决策支持系统给出内涝易发区缓解措施，为制定防汛抢险预案提供科学依据。同时，利用 LID 和水质模拟，实现对

LID 设施的模拟分析，以及对不同土地利用的下垫面进行污染物累积和冲刷的模拟，为水污染管理研究提供非点源带来的污染负荷，并评估采取最优管理措施在雨季所导致污染负荷减少的作用效果。

通过 SWMM 模型对城市化的暴雨洪水变化过程和内涝产生的主要原因进行全面的分析，可优化城市排水规划设计，提高效率及准确性，保护水质，推进智慧水务生态建设。

3. MIKE 模型管理

（1）MIKE 模型软件功能与特点

MIKE 软件是丹麦水资源及水环境研究所开发的软件，用于模拟水资源与水环境流域在空间和时间上的水文特点。同时，它是一个综合河网模拟系统，还可以进行水权、水环境和地下水研究。MIKE 软件的功能涉及降雨、产流、汇流、河流、城市、河口、近海、深海等范围。

（2）MIKE 软件类型与模拟功能

MIKE 软件包括一维软件、二维软件和三维软件。MIKE 软件有流域管理模型 MIKE BASIN，地下水模型 MIKE SHE，海岸线动力模型 LITPACK，三维模型 MIKE 3，一维河网模型 MIKE 11，二维河口和地表水体模型 MIKE 21，以及应用于城市水问题的模型软件 MIKEMOUSE 和 MIKENET，前者用于城市排水系统，后者则用于城市供水系统。

1）MIKE 11

如图 7-7 所示，MIKE 11 包含水动力学（HD）模块、降雨径流（RR）模块、对流扩散（AD）模块、水质（WQ）模块、泥沙输运（ST）模块等基本模块。除此之外，还有各种附件模块，如洪水预报（FF）模块、污染负荷（LOAD）、GIS 模块、溃坝分析（DB）模块、水工结构分析（SO）模块、富营养化（EU）模块、重金属分析（WQHM）模块等。

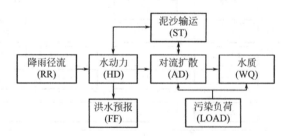

图 7-7　MIKE 11 模型结构图

MIKE 11 可被广泛应用于防洪、水资源保护及水利工程的研究、规划、设计、管理、评估等工作，通过链接实时数据库可以实现洪水风险分析、洪泛图绘制以及实时洪水预报，也可以进行区域水污染控制规划和日常及紧急水质管理。

2）MIKE 21

MIKE 21 是专业的二维自由水面流动模拟系统工程软件包，主要应用在水资源、水利工程、生态与环境化学，以及与水和环境相关的领域。该软件包含的模型有二维水动力模型、波浪模型、水质运移模型、富营养模型、泥沙运移模型等。

MIKE 21 可进行水利工程设计及规划、复杂条件下的水流计算、洪水淹没计算、泥沙沉积与传输、水质模拟预报和环境治理规划等多方面研究应用。此外，MIKE 21 可与 MIKE 11 耦合，即一维、二维耦合，进行河口复杂水流的模拟，洪水预报和淹没范围计算等。

3）MIKE BASIN

MIKE BASIN 是应用于流域或区域的水资源综合规划和管理工具。软件基于 GIS 平台，采用数学模型技术解决流域的地表水产汇计算，地下水资源的计算与评价，流域水环境状况分析等具体问题。该软件包含的模型有水量平衡模型、水文分析模型、地下水模型、综合水质模型、水库调度、水量分配模型等。

4）MIKE SHE

MIKE SHE 是进行大范围陆地水循环研究的工具，侧重地下水资源和地下水环境问题分析、规划和管理。MIKE SHE 可用于流域或局部区域不饱和、饱和带二维和三维地下水资源计算，优化调度和规划，地表、地下水的联合计算和调度，供水井井网优化、湿地的保护、恢复和生态保护，氮、磷等常规污染组分、重金属、有害放射性物质迁移，甚至酸性水渗流等复杂问题的模拟、追踪和预报，地下水运动过程中的地球化学反应、生物化学反应的模拟分析、污染含水层水体功能的恢复与治理，农作物生长对水分和污染物质在非饱和带运移的影响等综合研究。

5）MIKE MOUSE

MIKE MOUSE 是模拟城市排水，污水系统的水文，水力学和水质等集成工程软件。它集成了城市下水系统中的表面流、明渠流、管流、水质和泥沙传输等模型。它的典型应用包括合流下水道溢出研究（CSO），生活污水管溢出（SSO），复杂 RTC 计算和分析，分析和诊断现有雨水和生活污水管系统问题。MOUSE 可以用于污水超负荷和沉淀物滞留的原因、污染物状况的分析评估。

6）MIKE NET

可以模拟供水管网系统内水力和水质，跟踪每根管道内的流动、节点的水压力、水池的水位和网络内化学物的浓度。NET 内嵌的数据库管理系统可对大量的供水系统空间和属性数据进行有效管理、编辑、查询和输出；同时具有实时控制功能，用任何 SCADA 系统实现供水取水水源到用户的实时监测和操作运行模拟，实时控制和掌握供水系统运行状况。

7.3.4 建筑信息模型与地理信息系统融合技术

1. 建筑信息模型（BIM）

（1）定义

建筑信息模型（Building Information Modeling，BIM），是一种创新的建筑设计、施

工、运营管理方法。其操作过程，是借助建筑项目不同阶段的工程资源、信息与过程等各项数据作为依据来集成创建相应的建筑模型。同时，还可以通过模型中反映的信息来模拟出建筑的具体信息。除此之外，BIM技术还可以将建筑中的物理特性和功能特性做出表达，为建筑项目的整个存在过程提供可靠的依据；还可以在项目进行的不同时期进行信息的插入、提取、更新和修改，通过这样的方式来提升建筑过程中的每一步操作，是一个完整的信息模型，有利于各方参与到项目中，从根本上改变从业人员依赖符号文字、图纸的方式进行工程建设和运营管理的工作模式。

如图7-8所示，要合理运作BIM，需要先明确建模目标和范围，理解已有的施工图纸并对建筑结构尺寸进行复核，使用BIM技术进行概念设计、规划设计，确定基本方案。在设计阶段，使用BIM技术进行方案设计、初步设计、施工图设计，对建筑和各专业管线进行三维建模，确定设计原则和标准，并交付完整的建筑信息模型及图纸等设计成果供施工阶段使用。在施工各阶段需分别创建深化设计，对管线碰撞进行检测，修正发现的碰撞点，对调整后的管线重新进行碰撞检测直至达到无碰撞的要求，从而优化管线走向，合理布局，进行BIM应用点应用，构造施工过程、施工竣工等信息模型。当完成对BIM模型应用的审核后，整理BIM相关文件交付运维阶段使用。

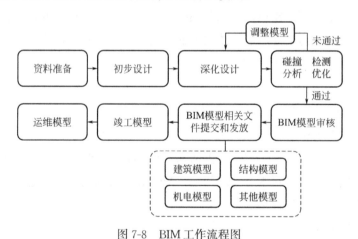

图7-8 BIM工作流程图

（2）技术特征

1）可视化

BIM技术的一个重要特征即为建模可视化。它通过多维（三维空间、四维时间、五维成本、N维更多应用）实现模拟对象的实际信息的可视化，直观展现出结构设计的实际参数；也可真实模拟建筑一天内能发生的所有实际情况，全面控制建筑结构形式，优化设计内容。

2）模拟性

BIM技术具有强大的仿真性，在建筑结构设计中，不仅可以模拟单一的建筑，还可以模拟特殊事物与条件。BIM技术能结合特殊要素，进行模拟实验，模拟出该工程设计的实际使用情况，反映可能存在的潜在问题，有利于智慧水务管理平台给出针对性高、有效的解决方案，服务于决策支持。如图 7-9 所示，BIM 还能与增强现实（Augmented Reality，AR）技术结合进行管网运行监控，便于管网运行工作人员现场巡视时直观掌握各个阀门、节点、水表等位置及运行数据，提升工作效率。

图 7-9　BIM＋AR 技术应用实景图

3）优化分析

BIM 技术可以结合信息形式以及复杂程度进行准确分析，精确掌握建筑结构中的信息资源，包括几何信息、规则信息等。BIM 技术能根据建筑结构中的实际变化要求进行调整，同时还能在施工前做好外形结构的分析工作，结合其中的变量因素与目标对象，优化整改不正确参数，快速算量，提升精度，直至符合标准再实施。为工程设计与施工提供相互协调、内在一致的信息模型，实现设计施工一体化，有利于专业人员之间协同合作，降低项目投入成本与施工风险，提高工作效率，避免因失误影响施工周期，确保工程准时高质量地完成。

（3）适用性

BIM 技术兼具数据自动分析、自动集成功能，可以充分发挥 BIM 优势，在模型进行碰撞、分析的过程中自动分析出现的各类问题等，给设计人员提供优化调整建议。对雨水、污水、给水、中水等管道进行管道碰撞分析，并根据出现的问题进行数据分析、模型调整，快速查找出碰撞点。通过融入 BIM 技术，能够快速、清晰、直观地处理地下管线的设计施工等问题，还能为管网的后期运营提供模型和数据支持，保证了供水需求，又降低漏损量，有力地推进了城市智慧水务生态建设。

BIM 与智慧水务管理系统相结合，可充分利用系统数据库进行协同共享，统一规范标准，充分挖掘数据。通过掌握 BIM 技术，可以在给水排水管网管线的设计中充分融入其中并加以应用。BIM 技术具有巨大的应用价值，但想要将其应用至从取水到排水全过程的建筑物与管线设计当中目前仍存在一定的困难，如 BIM 的构件库不具有共享性和统一标准，建模时软件功能不健全，数据整合难度大，信息挖掘深度不足等。

2. 地理信息系统（GIS）

（1）定义

地理信息系统（Geographic Information System，GIS），又名地学信息系统，属于一种特定的空间信息系统。GIS以计算机系统作为基础支持，对人们生活的整个地区表层空间中的所有地理相关数据进行收集、整理、分析、计算、管理、描述等。GIS的结构形态主要以文字、图像为主，需要借助空间坐标对相关地理信息进行定位。简而言之，就是利用计算机对地球上发生的事件进行成像与分析。

GIS高度融合了地理学、遥感技术、计算机技术、信息学、地图学等诸多学科，其可将管网、水表等附属设施设备等叠加到带有位置坐标属性的地图上，建立一套供水管网管理、管网设计、管网运行分析、管网维护、巡检维修等功能全面的信息平台，实现可视化管理，为决策者提供科学的决策支持。同时可实现GIS与视频监控的集成与联动，为应急抢修管理、防洪防汛管理等应急指挥调度提供方便。在供水管网中，GIS可做规划设计、数据更新及应用、处置报废等应用。

（2）GIS在智慧水务管理生态建设中的应用需求

1）管线智能巡检

为改善用水质量，降低供水管道的漏损率，需要结合GIS技术对管线进行巡检，在地形条件合适的情况下，采用PC端与移动端相结合的巡检方式通过三维GIS实现对巡检人员的精准定位、地下管线属性信息编辑、及时上报反馈巡检事件、巡检路线规划、一键报警等，明晰巡检轨迹，实时监测巡检情况，为指挥决策提供依据。当地形和距离不便于人工巡检时，需充分利用已建监控设备，通过对无人机的轨迹控制及定点悬停，对管线延展方向的明漏、地表塌陷、设施损坏等地上情况进行细微的巡视检查，并配合卫星遥感以月度周期性的宏观地势监测变化对比分析，若发现异常可以派出无人机进行详查，在无人巡检的情况下全面掌控管线的运行情况。

2）管网实时监控

通过GIS技术，进一步增强对城市的地下管网监控能力，能够全面、翔实地掌握地下管网的属性信息情况，高效、准确地管理城市地下各种不同类型的管线，进而构建出兼具安全、可行及实用等特点的信息化管控系统。利用该监控系统，管线运营管理工作人员可以实时查看、统计、搜索并分析相关的地下管线信息，同时能够完成相关信息的输入与编辑、改进与更新等操作，提高了对城市不同管线信息的管理监控效果，增强城市对于洪涝灾害的防控与救援工作服务质量，最终达到自动化管控管网运行的设计、分析以及维护的效果。

3）精准化数据管理

管网管控系统中的数据信息规模十分庞大，通过GIS技术对管网中的监测数据进行精准化管理，对老旧、不够真实的管道数据利用GIS技术对其进行重新整理与监测，确保排水管网运行数据的准确性与实时性，并以计算机作支撑，利用计算机完成对抽象数据的整理与分析，通过数据储存、空间量化分析、直观化表达等功能为市政给水排水管网后期的运作与维护等工作打下基础。

4）辅助防洪防汛决策

GIS 平台可纳入实景模型、水工建筑模型、管网设施等数据，将多维度、多尺度、多方面的信息进行统一的管理、集成和展示，并在平台上根据水量预测及雨水流入模拟，运用水力模型对排水管网积水风险、溢流风险、水量超负荷风险、淤塞风险进行分析，为城市防洪提供解决方案。再统计超过可承受暴雨强度的地下管网，对不满足防洪防汛要求的排水管网及时维修或改造，避免发生强降雨时引发的城市内涝现象。

3. BIM＋GIS 融合技术

传统二维 GIS 地图缺少对局部工程的细节展示，而工程中运用的 BIM 模型则难以从宏观层面把握实际情况，因此将 BIM 与 GIS 技术进行有机结合，宏观层面的信息展示上借助 GIS 系统完成，再通过点击等方式可以直接跳转到 BIM 模型位置。充分利用 BIM 的三维可视化性，使运营管理工作者快速熟悉环境，宏观了解当前状态的系统全貌，仿真运行历史以及虚拟推演假设情景，实现基于 BIM＋GIS 的智慧水务"一张图"应用系统。

广州市增城区的智慧排水管理系统如图 7-10 所示。这个以物联网、大数据和云计算等技术实现的智慧排水管理系统主要包括：地图管理系统、排水管网巡查养护系统、排水管网在线监测系统、内涝预警与应急指挥系统、黑臭水体监管系统。前端部署着在线液位计、在线流量计、水质监测站、视频监控设备等采集监测点，在试点区域内进行液位、水质、雨量、视频图像实时监测。其中，地图管理系统是在基础地理信息基础上，叠加相关的各种专项信息，如交通、水域、建筑、植被、地下管网以及城市三维信息，建立智慧水务一张图，为规划、设计、决策提供准确的空间数据参考。

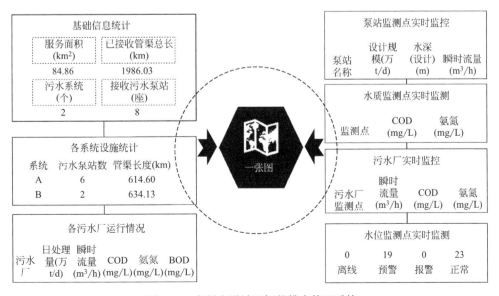

图 7-10　广州市增城区智慧排水管理系统

该地图管理系统特点主要包括：

（1）以地图的方式，集成城市地形数据、设施数据、地块建筑数据、排水分区数据、示范区边界、流域范围、污水处理厂服务范围、行政区范围、河湖水系数据、排水设施数据等多源数据，在统一的地图上将这些数据叠加显示，实现数据的共享和查看，打破数据壁垒。

（2）电子地图上，满足地图查看管理的基本地图操作，如动态更新数据集、分层查看数据集、动态缩放与漫游地图、详细显示设施周边的地理信息等。

（3）实现考核指标的专题信息展示，包括年径流总量控制率专题图、径流污染削减率专题图、内涝积水范围专题图等，可以一目了然地了解智慧水务的建设效果及不同分区的差异。

地图管理系统包含的功能有基础地图操作、地图数据展示、专题图显示、项目分类统计等。

智慧水务"一张图"是在运用基础地理数据、水务基础数据和水务业务数据的基础上，综合 GIS、BIM、大数据、云计算等技术手段，实现智慧监测，即对厂网河湖岸一体化监测，通过接入在线监测数据及时发现设施运行中的突发状况，快速进行事故溯源、追踪与预警，辅助管理部门做到防患于未然，提升对排水事故的预警和处理能力。

智慧水务"一张图"可对多时空的水情信息、运行工况、监测数据等进行综合管理与分析，为智慧化水务生态建设的快速搭建提供数据支撑。以此为基础，开发专业计算机软件分析功能，提供完整的查询功能、分析服务和大屏可视化，满足不同模式下多对象多视角应用需求。智慧水务"一张图"便于在线监测数据，通过水环境仿真建模，对污染源扩散、内涝、基础设施水容量等进行有效分析，形成智慧决策大脑，为水务工作者预测灾情、事故、突发事件后果，并准确地进行决策与指挥，提高水的生态循环建设的智慧化、精细化、及时化、全面化水平。

7.3.5 数据采集与监视控制

数据采集与监视控制（Supervisory Control and Data Acquisition，SCADA）系统是以计算机为基础的生产过程控制与调度自动化系统，可将管网生产监控、调度、数据分析模型和业务管理统一到一个综合性的系统平台，通过在线采集设备实现对水源地、水厂制水、配水、用水、污水处理厂、排污口全过程的运行数据采集存储、运行情况可视化监管以及智能联动控制，优化生产调度。

SCADA 系统通常采用四层结构体系，分别是：设备层、控制层、调度层和信息层。其中，设备层包括各类仪器仪表和执行设备等。为了获得足够多且全的监测数据，实现远程调度指令控制，设备层中分散于各处的智能传感与执行设备是实现后续功能的物理基础。控制层主要负责设备层采集到的数据和调度层下达的指令的实时传输。调度层整合管网中各类仪器仪表的实时监测数据，掌握管网的整体运行状况，及时诊断与识别供水管网中出现的漏损，排水管网中出现的涝情，同时根据管网工况下达相应的调度决策指令。信息层实现信息服务和资源共享，使得随时随地地利用远程设备监控整片管网运行情况成为可能。

引入 SCADA 系统，水务工作者可远程监测水源井和水厂的水位、出水压力和流量以及排水井的水位，监测水泵等设备的运行状态及参数，远程或自动控制水泵的启停，实现水源井和水厂安防视频监控可视化，推动泵站无人值守；对于供水管网，引入 SCADA 系统与 DMA 分区计量相结合可实现对管网运行中监测点的压力和管段流量数据的实时、持续性地采集、传输，通过数据深度挖掘、人工智能等手段建立数据与监测区域、漏损水平的模型，从而实现对漏损点的智能监测与定位。此外，SCADA 系统可用于监视和控制污水和雨水系统，重现排水管网运行历史发生状况，进行事故分析；及时准确地获得暴雨内涝时管网运行预警信息，为应急预案提供数据和决策支持。依托 SCADA 系统可大大提升供水企业对管网中错误事件的预测和探查效果，并通过调度系统实现实时报警，对报警做响应并做相应记录，显示相关处理预案。

7.4　应用成效

水务是城市运行的基础单元和发展的核心单元，智慧水务是智慧城市生态建设的必然延伸，为了响应国家关于"互联网＋"发展和大数据应用等的要求和指引，需要推进水务管理与高新技术深度融合，推动智慧化水务生态建设进程，对传统的管理模式及理念进行变革和拓展。

水务一体化管理对信息整合共享，有效支撑基础管理和公共服务提出了新的需求。按照"顶层设计、统一标准、资源整合、系统集成、共建共享、分级维护"等原则，构建智慧水务"一张图"，能够提升水务核心数据库的利用率，实现对管网的压力、流量、水质、二次供水、DMA 等供水设施的一体化全过程决策分析和实时监管，实现以信息化带动管理精细化，全面提升水务企业的行政效能。

近几年，我国智慧水务进入高速发展期，大大小小的智慧水务企业如雨后春笋般涌现出来。广州市番禺水务股份有限公司智慧水务系统已实现生产自控、SCADA 系统、GIS 系统等多个独立子系统的数据整合和深层次信息互动，并以"数据与时空融合的大数据可视化挖掘"为核心理念，通过地图→场景→环节的三层位置数据可视化呈现运行状况，查询历史数据。运行效果具体体现为：供水管网漏损控制保持在 7%，统筹管理区域内污水处理厂、上游管网、泵站、截污闸的运行状况，在严格完成日常任务时也能为突发事故提供决策支持。宁波市城市排水有限公司智慧水务系统集成了在线监测、视频监控、地理信息、计算仿真模拟等多种技术和多个系统，集信息融合、事件驱动、系统联动、模型支撑为一体，有效预防和控制了内涝积水和污水冒溢事件（下穿立交内涝从 22 处减少到 2 处、道路污水冒溢从 12 处减少到 1 处），并且在线模拟计算能力极优——4000 个管网节点，50

个预报点，模拟计算速度不超过 2min，每年可处理 40G 共计 7 亿余条数据。智恒科技股份有限公司运行的智慧水务一体管控应用示范园区浓缩展现了从"取水制水""供水""输配水""雨水收集利用""污水处理与利用""消防智慧监控""海绵城市"内涝治理等一系列的城市水务环境，建设了新型的水循环、水生态系统，并且利用物联网技术结合远程水表智能终端持续性获取流量、水压、水质、水位等数据，使用大数据挖掘模型实现对供排水运行的智能化分析、调度以及应急决策调度，打造园区供排治"一张图"，构建园区全息化感知"智慧水联网"。在实现"一张图"应用方面，温州市排水有限公司已经实现了借由 GIS 系统直观展现排水管网脉络，快速定位、查询排水管线资料，实现管径、埋深和标高等管道属性的可视化查阅。智慧水务生态建设的应用成效主要有：

（1）城市智慧化程度提升，实现无人值守和生产自动化。借助遥感、无人机、人工智能等高科技设备及技术，形成空、天、地一体化的立体感知体系，更系统、更全面、更深入地从设备及监测节点收集数据，形成并完善整个城市智慧水务生态体系的基础——生态数据库；打破信息共享壁垒，发挥信息资源在水务行业管理和决策中的作用，推动信息资源共享和业务协同；通过一体化耦合的模型系统和优化算法达到对水务信息全面知情和分析挖掘，近期为水务管理者提供决策依据或辅助决策一部分内容，远期最大限度地提供甚至代替做出最大利益的决策。

（2）漏损控制更加有效，节水效果明显。通过 DMA 分区管理和漏损率、流量按时核算，对异常情况在短时间内做出反应，指导巡查人员现场处置，及时发现工程漏水、自然漏水和偷盗水的情况，通过智慧水务生态建设，对提高供水企业生产经营效益具有重要的意义。

（3）水质安全问题减少，城市居民用水体验提高，水污染分析能力提高，水生态环境治理效果提升。无论是因为污水排放量增加导致水源水质的保护难度加大，还是供水水质的安全性存在威胁，都是水务工作中需要面临的重要问题。通过智慧水务生态建设，对管网、排水口、污染源、污染物种类等进行精细化管理，形象直观、全面动态地监控污水现状和污染源情况，有效遏制偷排漏排、雨污混流的现象，提供水生态及水环境评价、水环境预测服务、污染事故定位以及辅助决策。

（4）排水防涝能力提升，防汛应急能力增强，生态循环稳定运行。通过智慧水务生态建设，可以远程在线监测降雨量、水位、易涝点积水状况，全面监测和预测预报，对极端天气的智慧决策分析，拟定切实可行、科学合理的排涝预案和应急资源调配方案，并结合 GIS 和易涝点数据，全面开展汛情风险评估，快速准确地做好汛情防范和应对工作。

总而言之，城市智慧水务生态建设通过水安全保障、供水计量、城市防洪排涝、城市节水减排等建设内容的高效智能管理，以 BIM＋GIS 数据为基础，集成 SCADA 系统、海量动态监测数据，搭建管网水力模型，实现城市水的生态循环全生产链条的实时监控，以"一张图"的智能化方式全面进行城市水的生态循环建设。

参考文献

[1] 陈祖军，李珺，谭显英．上海城市水资源发展战略研究 [J]．中国给水排水，2018，34 (2)：24-30.

[2] 高从堦，阮国岭．海水淡化技术与工程 [M]．北京：化学工业出版社，2016.

[3] 姜峰．精细化 DMA 分区的探索与研究 [J]．城镇供水，2017 (3)：43-46.

[4] 蒋佰果．市政给排水工程设计中 BIM 技术的应用 [J]．中华建设，2020 (11)：132-133.

[5] 李冬梅．海绵城市建设与黑臭水体综合治理及工程实例 [M]．北京：中国建筑工业出版社，2017.

[6] 李广贺．水资源利用与保护 [M]．北京：中国建筑工业出版社，2016.

[7] 李娜，张念强，丁志雄．我国城市内涝问题分析与对策建议 [J]．中国防汛抗旱，2017，27 (5)：
77-79.

[8] 李胜勇，李有明，龙岩．基于大数据技术的城市智慧水务框架构想 [J]．海河水利，2021 (1)：105-
108.

[9] 刘文君，王小毛，王占生．饮用水水质标准的发展：从卫生、安全到健康的理念 [J]．给水排水，
2017，53 (10)：1-3.

[10] 谈立峰，褚苏春，惠高云，等．1996—2015 年全国生活饮用水污染事件初步分析 [J]．环境与健康
杂志，2018，35 (9)：827-830.

[11] 王菲菲，赵永东，钱岩，等．国际水质基准对我国水质标准制修订工作的启示 [J]．环境工程技术
学报，2016，6 (4)：331-335.

[12] 王广华，陈彦，周建华，等．深层排水隧道技术的应用与发展趋势研究 [J]．中国给水排水，
2016，32 (22)：1-6.

[13] 王浩，龙爱华，于福亮，等．社会水循环理论基础探析Ⅰ：定义内涵与动力机制 [J]．水利学报，
2011，42 (4)：379-387.

[14] 王浩，王佳，刘家宏，等．城市水循环演变及对策分析 [J]．水利学报，2021，52 (1)：3-11.

[15] 王建华，王浩．社会水循环原理与调控 [M]．北京：科学出版社，2014.

[16] 王谦，王秋茹，王秀蘅，等．城市雨源型河流生态补水治理案例研究 [J]．给水排水，2017，53
(10)：47-53.

[17] 王晓南，崔亮，李霁，等．人体健康水质基准特征参数研究及应用 [J]．环境科学研究，2018
(7)：1-13.

[18] 伍运估．MBR 工艺在京溪污水厂处理的运行及应用研究 [D]．广州：华南理工大学，2014.

[19] 谢翔．水力模型驱动的城市供水管网漏损在线监测关键技术研究 [D]．杭州：浙江大学，2018.

[20] 徐强，张佳欣，王莹，等．智慧水务背景下的供水管网漏损控制研究进展 [J]．环境科学学报，
2020，40 (12)：4234-4239.

［21］许文海. 大力推进新时期节约用水工作［J］. 水利发展研究，2021，21（3）：16-20.

［22］杨海涛. 智慧水务 BIM 应用实践［M］. 上海：同济大学出版社，2015.

［23］曾光明，卓利，钟政林，等. 水环境健康风险评价模型及其应用［J］. 水电能源科学，1997（4）：29-34.

［24］张杰，李冬. 人类社会用水的健康循环是解决水危机的必由之路［J］. 给水排水，2007（6）：1.

［25］张智. 城镇防洪与雨水利用：第 2 版［M］. 北京：中国建筑工业出版社，2016.

［26］周晓喜. 城市雨水管网模型参数优化及应用研究［D］. 哈尔滨：哈尔滨工业大学，2017.

［27］MANSOR E S，ABDALLAH H，SHABAN A M. Fabrication of high selectivity blend membranes based on poly vinyl alcohol for crystal violet dye removal［J］. Journal of Environmental Chemical Engineering，2020，8（3）：103706.

［28］ZHANG S，GUO Y. Analytical probabilistic model for evaluating the hydrologic performance of green roofs［J］. Journal of hydrologic engineering，2013，18（1）：19-28.

［29］赵荻能. 珠江河口三角洲近 165 年演变及对人类活动响应研究［D］. 杭州：浙江大学，2017.